GUOWAI JIAOTONG TOURONGZI

GUANLI ZHIDU YANJIU

国外交通投融资
管理制度研究

杨建平　杨新征　主编

人民交通出版社股份有限公司
China Communications Press Co.,Ltd.

内 容 提 要

本书汇总了国外发达国家如日本、德国、澳大利亚等国家交通基础设施投融资制度的主要情况，包括：投资及预算管理体制、收费制度、交通预算管理体制、实行收费公路政策支持高等级公路发展等内容。

图书在版编目(CIP)数据

国外交通投融资管理制度研究，杨建平，杨新征编
—北京：人民交通出版社股份有限公司，2015.4
ISBN 978-7-114-12031-2

Ⅰ.①国… Ⅱ.①杨… ②杨… Ⅲ.①交通运输建设—基础设施建设—投资—研究—国外 ②交通运输建设－基础设施建设－融资－研究－国外 Ⅳ.①F511-31

中国版本图书馆 CIP 数据核字(2015)第 021276 号

书　　名：国外交通投融资管理制度研究
著 作 者：杨建平　杨新征
责任编辑：韩亚楠　陈　鹏
出版发行：人民交通出版社股份有限公司
地　　址：(100011)北京市朝阳区安定门外外馆斜街 3 号
网　　址：http://www.ccpress.com.cn
销售电话：(010)59757973
总 经 销：人民交通出版社股份有限公司发行部
经　　销：各地新华书店
印　　刷：北京市密东印刷有限公司
开　　本：720×960　1/16
印　　张：5.75
字　　数：70 千
版　　次：2015 年 4 月　第 1 版
印　　次：2015 年 4 月　第 1 次印刷
书　　号：ISBN 978-7-114-12031-2
定　　价：35.00 元

《国外交通投融资管理制度研究》
编　委　会

主　　编：杨建平　杨新征

编写人员：王利彬　韩红云　邹光华　蒋桂芹

　　　　　萧　赓　翁燕珍　闫　磊　姚春宇

　　　　　田春林　尹伟娜　安　平　李苗苗

前　言

党的十八届三中全会全面研究了深化改革的若干重大问题，特别是对财税体制改革进行了部署安排，将会对未来交通运输行业的投融资体制改革与发展产生重大影响。借鉴国外交通投融资管理制度，建立我国新型的交通投资预算管理体制和筹融资机制日显紧迫。而对国外交通投融资管理制度进行深入剖析和借鉴，是研究建立新型交通投资预算管理体制和筹融资机制的重要前提和基础。

《国外交通投融资管理制度研究》一书，系根据国家财税体制改革的形势需要，在继承以往相关研究成果并考察最新发展变化的基础上，经综合分析研究编纂而成，希望能为交通行业工作者研究深化交通投融资体制改革和建立新型交通投融资管理制度提供有益的借鉴和参考。

本书的“美国联邦公路信托基金制度”部分由杨建平、韩红云、翁燕珍执笔；“美国公路投融资政策走势”部分由杨新征、邹光华执笔；“美国收费公路的发展与现行政策”部分由萧赓、蒋桂芹、安平执笔；“日本公路投资管理体制”部分由王利彬、闫磊、李苗苗执笔；“德国公路投资管理制度”、“澳大利亚基础设施产业基金”部分由田春林、尹伟娜、姚春宇等执笔。全书由杨建平、杨新征统稿、审核。

本书是交通运输部科学研究院开展国外交通跟踪研究的系列成果之一。其中，美国部分主要来源于交通运输部科学研究院《美国联邦公路投资预算管理政策跟踪与借鉴研究》课题成果。长期以来，交通运输部科学研究院开展国外交通跟踪研究，得到了交通运输部相关司局的指导和支持，得到了交通运输行业专家学者和广大同仁的理解与鼓励，在此表示衷心的感谢！

由于涉及国家较多，编写时间短促，纰漏之处在所难免，诚望各界专家、各位领导和广大读者批评指正。

编 委 会

2015年2月3日

目　　录

第一章　美国联邦公路信托基金制度 …… 1

一、什么是联邦公路信托基金 …… 1

二、为什么要设立公路信托基金 …… 1

三、公路信托基金解决方案 …… 2

四、信托基金制度中的"信托"理念 …… 4

五、信托基金制度遇到的挑战 …… 5

六、信托基金制度的调整和完善 …… 8

七、信托基金的收支情况 …… 9

八、公路信托基金的困境 …… 15

九、公路信托基金的选择 …… 17

十、公路信托基金的未来 …… 20

第二章　美国公路投融资政策走势 …… 38

一、收费筹资机制 …… 38

二、溢价回收机制 …… 41

三、TIFIA 筹资机制 …… 42

四、PPP 融资模式 …… 44

五、创建国家基础设施银行 …… 47

六、提升州基础设施银行 …… 49

第三章　美国收费公路的发展与现行政策 …… 50

一、美国收费公路的发展历史 …… 50

二、美国收费公路的发展现状 …… 53

三、美国现行收费公路发展政策 …… 55

第四章　日本公路投资管理体制 …… 60

一、设立道路特定财源用于普通公路建设 …… 60

二、实行收费公路政策支持高等级公路发展…………………………………… 67
第五章　德国公路投资管理制度 ………………………………………………… 72
一、机动车税…………………………………………………………………………… 72
二、公路建设资金来源……………………………………………………………… 73
第六章　澳大利亚基础设施产业基金 ………………………………………… 75
一、澳大利亚基础设施产业基金市场概况……………………………………… 75
二、麦格理基础设施产业基金的特点…………………………………………… 77
参 考 文 献…………………………………………………………………………… 80

第一章　美国联邦公路信托基金制度

一、什么是联邦公路信托基金

1. 联邦信托基金

联邦信托基金是美国联邦为具有长远目标的项目而建立的资金保障机制，是联邦预算管理的一项重要制度安排。信托基金主要收入来源是特定的专项税收，如工薪税、燃油税等。信托基金专门用于指定的项目或用途，遵循“量入为出”(pay-as-you-go)的支出原则。

至今美国已有150种左右的信托基金，占据联邦预算大约40%的份额，主要有社会保障信托基金、医疗保险信托基金、公路信托基金等。

2. 公路信托基金

联邦公路信托基金根据1956年《公路税收法案》(Highway Revenue Act)设立，是联邦政府专门用于公路建设的信托基金。同其他信托基金一样，公路信托基金是依法建立起的一种资金保障机制，确保州际和国家公路系统建设、养护等资金需求。公路信托基金的收入来源主要是公路使用者税，主要包括燃油税、轮胎税、货车、拖车税等。公路信托基金对于美国公路发展，尤其是州际公路的建设和发展起到了至关重要的作用。

二、为什么要设立公路信托基金

1. 一般财政预算

根据美国的政治体制，各项重大政策措施都要通过设立一部法案或通过对原有法案的修正来确立和组织实施。授权法案是其中的一种形式，一般用于建立或延续一个有效期固定或不固定的联邦机构、专项活动或计划。公路信托基金设立前,联邦政府对公路项目的投入,主要由财政一般预算资金提供。1916 年的《联邦公路授权法案》,开启了美国政府对国家公路建设的政府责任序幕。1930 年后,美国处于第四次经济危机低谷,罗斯福总统执行新政,为建设公路从国家财政增拨了大量资金。1938 年联邦政府提出建设总长度约为 4.1 万英里的跨区域公路系统(州际公路)的设想。由于第二次世界大战,公路投资工作于 1941 年中止,后又于 1946 年重新开始。

[专栏] 1956 年公路信托基金设立之前,公路项目投资预算就已经采用了合约授权的预算管理方式。虽然当时燃油税及其他汽车税已经存在,但未与公路投资直接关联。公路项目投资和燃油税等相关税收收入是在公共财政原则下运行的。此外,公路项目投资和现在一样,遵循着"预算授权—投资计划—资金分配—资金支付"的程序。

2. 需求增长与弊端

第二次世界大战后,美国经济强劲增长,城市化进程迅速,而公路由于车辆的迅速增加、车速提高、人口膨胀及道路设计跟不上时代要求,开始出现大量拥堵、安全方面的问题。同时也暴露了由财政提供一般预算资金投资公路的弊端:**不仅无法保证资金额度,更为重要的是其不具有长期性、稳定性,与公路事业发展的长期性相矛盾**。在此时期,美国提出建设贯通大陆的州际公路计划,由于财政预算支持能力有限,加之公路项目建设成本上升,建设资金不足,到 1953 年底仅完成计划中 4.1 万英里公路的 1%。1956 年《州际和国防公路计划法案》获得通过,为州际和国防公路建设筹集资金的问题愈加迫切。

三、公路信托基金解决方案

1. 被否决的三种方案

面对州际和国防公路建设的筹资困境,在采用信托基金之前,国会曾考虑和否决了普通税收、通行税和债券三种方案。

(1)**普通税收**:轮胎制造商、汽车联合会和石油行业坚持公路系统建设所需资金应由普通税收收入提供。理由是公路通过经济增长和改善交通使整个社会受益。但当时这些行业没有足够的力量通过一个庞大的公路计划而不增加特别的税收。

(2)**通行税**:在20世纪50年代,通行税成为美国许多州公路系统建设的主要资金来源,因此通行税筹资成为一个重要的备选方案。但反对者称通行税影响经济效率,并且当时美国的法律规定公路免征通行税。此外联邦公路管理局认为利用通行税为横穿大陆的公路系统筹资在管理上是不可行的,同时通行税还遭到了汽车协会和许多西部州和地方官员的反对。

(3)**债券融资**:1955年,一个总统特别委员会建议组建一个新的联邦公路公司,通过发行30年期债券为州际公路建设筹资。债券由联邦燃油税和轮胎税的收入偿还。债券筹资方案优点:一是不需要增加税收;二是政府债务的最高限额不会因此而增加,因为公路债券将记在一个独立的公司名下。但是国会最终否决了这一建议,原因是建立一个独立的联邦公路公司会削弱他们对项目的控制权,另外立法界认为债券融资的建议对联邦预算制度构成了威胁。

2. 信托基金解决方案

法律制定者追求这样一种财政设计:

(1)能够锁定公路支出;

(2)避免负债筹资;

(3)保持国会对项目的正常控制,只有信托基金满足所有这些条件。

信托基金充分体现了使用者付费的公平原则,既可保障公路建设的专款专用,又可以使资金安排在国会的控制之下。

1956年国会通过了《联邦资助公路法案》(Federal Aid Highway Act)和《公路税收法案》(Highway Revenue Act),设立了联邦公路信托基金(Highway Trust Fund,简称HTF)。由此改变了过去由一般财政资金投资公路项目的做法,并提出规划州际和国防公路系统和制定设计标准,明确按9:1的比例由联邦和州共同承担州际公路的建设费用，计划建设连接有 5 万人口以上城市、服务于全国约 6.8 万千米的公路网。同时车辆相关税收从总税收中独立出来，其中约 70% 的车辆相关税收收入用于公路建设。

1957 年州际和国防公路系统正式投资建设。此后美国进入了公路尤其是高速公路建设和大发展时代。公路信托基金成立后，加强了对公路投入力度。在州际公路建设投资中，联邦投资份额由 50% 提高到 90%，联邦每年对公路项目的投资由基金设立前年均 25 亿美元增长到 1956 年的 120 亿美元，实际增长 380%。

四、信托基金制度中的“信托”理念

1. 公共“契约”

公路信托基金中的“信托(Trust)”一词来源于私人信托，即一种委托代理关系(受托人为受益人的利益而持有财产)。公路信托基金作为公共信托，被看作是政府与公路使用者之间建立的一种“契约”关系。例如，美国住房公共工程委员会主席 Bud Shuster(共和党)曾声称：公路信托基金的使命“就是一份政府和美国旅行者公众之间订立的合同”。一些非常相似的属性，使得私人部门具有吸引力的信托制度设置，也在公共部门得到推行。

2. 三重政策承诺

公路信托基金中的信托理念，体现了联邦政府的三重政策承诺：

(1)公路使用者税专门用于公路建设，从而保障公路建设资金来源的长期性、稳定性，降低了政策的不确定性。

(2)国会放弃了将公路收入作为其他项目资金来源的诱惑，并使税率保持在公路项目成本所必需的水平上。

(3)避免负债和依靠一般税收收入的承诺。

虽然公路信托基金中的信托理念，承诺了公路使用者税收入专门用于公路建设发展，但要保持这种“专用”是何尝的不容易，即使是在基金设立的初期也是如此。

五、信托基金制度遇到的挑战

“这么大的一笔钱是多么诱人的目标啊”。

1956 年公路信托基金设立伊始，就受到了政治家、利益集团的关注和“垂涎”。同时，信托基金似乎建立了一个公路“自治”的财政系统。因此，公路信托基金一直受到来自各方的挑战。这种挑战试图从两方面削弱公路信托基金的“专用”和融资上的“自治”：一是把信托基金的收入转移到非公路的用途；二是降低信托基金自主支出的程度。最终，虽然挑战者赢得了几个暂时的胜利，但信托基金的基本结构却得以保留，甚至在州际公路建设完成后仍然得以保留下来。

1. 利益集团和观念的挑战

（1）**航空委员会**。美国退伍军人航空委员会，是第一个试图分享公路信托基金“一杯羹”的集团。航空委员会提出，从公路信托基金中提取部分资金用于小型机场建设，这样可以通过延伸航空的范围促进国家经济发展。最终航空委员会的提议没有被采纳。针对此，1970 年经尼克松总统提议，国会批准设立了航空信托基金（AATF）。

（2）**联邦劳动部**。根据 1956 年的公路授权法案，联邦劳动部负责州际公路建设中的工资制定和管理工作。劳动部提出，由于州际公路建设给他们的管理增加了工作量，要求从公路信托基金中每年提取 36.5 万美元作为人员工资和办公经费。最终经过国会的反对与妥协，要求提取的经费由 36.5 万美元降到了 20 万美元。联邦劳动部成功地分享了公路信托基金的“一杯羹”。

（3）**环境保护运动**。20 世纪 60 年代，美国兴起的环境保护运动把州际公路建设与破坏自然环境、空气污染联系在一起。城市居民抗议公路建设使房屋所有者不得不搬迁，还干扰了商务活动和当地社区。“环境保护运动”使包括芝加哥、旧金山和西雅图在内美国大城市的公路建设停了下来。

（4）**公共交通**。到 20 世纪 70 年代早期，公路信托基金的未来似乎越来越不确定。在一场将信托基金开放到其他交通用途的运动中，公共交通的支持者与环境保护主义者、市民组织联合起来。一位民主党参议员说:公路项目已经完全失控,公路信托基金应该尽快终止。公共交通的支持者宣称:公共交通的支出将缓解交通拥堵,使公路使用者受益。尼克松总统支持立法给予各州使用部分信托基金建设城市公共交通的权利。总之,公路信托基金制度在20世纪70年代初在新观念和众多问题的压力下破碎了。

经过激烈的争论,国会于1973年勉强批准了一项措施,允许城市将10%的公路信托基金用于城市公共汽车和轨道交通。1982年,国会批准并且由里根总统签署的一项法案,在增加的每5美分燃油税中拿出1美分创建一个公共交通专用账户(在公路信托基金账户内),另外4美分留给公路系统。这次燃油税的提高能使公路支出在1983至1985年间增加44%。总之,公路信托基金在利益集团和观念的挑战下,通过制度重新设计,不仅渡过难关,而且更加兴旺发达了。

(5)**地下储油罐泄漏基金**。1986年,国会通过了《固体废料处理法案》(Solid Waste Disposal Act),将燃油税每加仑提高0.1美分,设立了地下储油罐泄漏信托基金(Leaking Underground Storage Tank Trust Fund),以解决地下储油罐石油泄漏问题。

2.政府的挑战

1956年以来,公路信托基金制度方面一个连续不断的主题是:总统内阁要求收回被信托基金结构所否定的灵活性。

(1)**企图挪用**。甚至艾森豪威尔总统(公路信托基金之父)也发现公路信托基金的僵化刻板是一件令人讨厌的事。当他的内阁试图用燃油税的一小部分支付为公路项目计算联邦规定的工资成本时,公路使用者组织激烈地抱怨,国会只好终止了这种做法。肯尼迪和约翰逊的内阁提出的把信托基金用于公共土地公路和用燃油税进行公路美化两项类似的企图也被国会否决了。

(2)**强制扣留**。当这些温和的财政控制行政手段失败后,总统们转向了更强硬的政策:扣留。1966年,约翰逊内阁为控制越南战争造成的通货膨胀冲击而拒绝支付先前承诺的11亿美元的公路基金。内阁司法部长声称:公路信托基金与普通拨款没什么两样,总统有权利扣留。但国会不这样认为,当时的参议院商务委员会主席陈述道:这些基金存放在财政部是为了保持信用,从某种意义上说它们不是政府的基金而是人民的基金。

尼克松执政时期,关于扣留的论战进一步升级。1972 年,作为向国会争取财政权力活动的一部分,尼克松撤销了 25 亿美元的公路基金。被尼克松的行为所激怒,一些民主党参议员起草法律文件挑战总统扣留公路基金的权威。美国第八地区巡回法院 1973 年做出裁决,内阁的确违反了法律,国会取得了重大胜利。1974 年颁布的《国会预算和扣留控制法案》使得扣留的时代终结。

(3)**预算控制**。在 1974 年《国会预算和扣留控制法案》立法过程中,没有任何迹象表明国会要削弱公路信托基金的自治性。事实上,国会还有意使公路信托基金不受法案的限制。但新法案的实施无意中提供了一种程序,使拨款委员会能够对信托基金的支出水平进行控制,结果是新法案限制了每年公路建设的投资总额。

3. 燃油税转为一般预算的行为

由于在越南战争中耗费了大量资源,美国联邦政府预算自 20 世纪 70 年代开始逐步陷入赤字泥潭,1974 年以后情况更加恶化。1974 年美国联邦财政赤字为 61.35 亿美元,占当年 GDP 的 0.4%,1984 年就达到 1853.67 亿美元,占当年 GDP 的 4.8%。为了控制巨额财政赤字,国会在 1985 年制定了《平衡预算和赤字控制法》,仍然未能有效控制联邦赤字的增加。

为了应对不断增长的联邦赤字,1990 年 11 月布什总统签署了《预算综合调整法》(The Omnibus Budget Reconciliation Act of 1990),首次改变了专项税收原则,将增加的 5 美分燃油税中的一半纳入了财政一般预算,用于消减财政赤字。1993 年克林顿就任总统,更为彻底地打破了过去的惯例,把 4.3 美分的燃油税增加收入全部纳入了财政一般预算,用于消减财政赤字。4 年后经济好转,1997 年立法又将这 4.3 美分重新划回给公路信托基金。

此外,1990 年的《预算执行法案》(Budget Enforcement Act)对公路信托基金的完整性产生了更大的破坏。该法案把联邦预算分成了两部分:自主支出（由年度支出上限控制）及法定支出和收入（由分期付款规则控制）。公路信托基金的支出属于自主支出，因此受到支出上限的限制，而其收入则由分期付款规则控制。

4. 国会的关键保护作用

美国国会保护公路信托基金以避免行政挪用的能力与其他国家中专用的道路基金的经历形成了鲜明的对比：法国在1952年也建立了一个专用的公路基金——道路投资准用基金，接受一部分汽油税。但强大的财政部很快就将它的收入用于其他项目。

英国1909年建立了道路基金，接收"被抵押的"燃油和机动车辆税。但此后的财政部长们不断挪用该项基金，财政大臣Winston Churchill抨击这种把公路使用者和政府绑在一起的主张，认为显然是"荒谬的"。汽车使用者组织和议会成员激烈反对这些举措，但财政部对财政力量的垄断使他们无法采取有力行动。英国道路基金最终被废除。

总之，行政部门总是试图挪用专用的公路基金，而立法机关力求阻止他们，这是再寻常不过的事了。对美国公路信托基金而言，不同之处在于立法机关有能力保护基金的基本结构。

六、信托基金制度的调整和完善

1. 冰茶法案ISTEA

20世纪90年代初，州际公路建设基本完成。在公路信托基金的存废上曾引发激烈的争议。后来，由于庞大的公路养护与公路安全需要进一步改善，1991年国会批准了《陆路多式联运效率法案》（ISTEA）将公路信托基金继续保留下来，并被赋予新的用途与使命：由原先主要投向于公路建设，逐步转向公路建设与养护、安全条件改善、支持陆路运输发展等领域。

2. 续茶法案TEA-21

1995年国会批准《国家公路系统设计法案》，规划了包括州际公路在内的25.9万千米公路作为"国家公路系统"，并由联邦资助。1998年美国高速公路里程已达88727千米，约占全国公路总里程的1.4%。1998年6月国会批准的《21世纪运输衡平法案》(TEA-21)提出：不仅要在公路、桥梁方面进行投资，还将在公共运输系统、联合运输和智能运输系统等先进技术领域投资。

以上两部法案使得公路信托基金得以延续，法案内容也从投资公路建设，逐渐转向重视资金使用绩效，强化更加安全、减少拥堵、提高交通可靠性等更加丰富的内涵发展。

3. 露茶法案 SAFETEA-LU

2005年布什总统签署《安全、可靠、灵活、高效的运输衡平法案：留给使用者的财产》(SAFETEA－LU)。与之前相比，公路信托基金在运作目标上有了新的变化：提供充足的公路养护管理资金，确保公路系统保持良好的服务水平；充分重视对公路交通安全的改善。

4. MAP-21

2012年奥巴马总统签署了《在21世纪中前进法案》(MAP-21)。MAP-21不仅提出了交通发展所需资金，更重要的是为联邦投资公路建立了国家绩效目标：安全、基础设施条件改善，拥挤减少、系统可靠性、货物运输与经济活力、环境可持续性、减少项目交付的延误等。

七、信托基金的收支情况

1. 主要税源

公路信托基金设立之初，收入来源被定位在公路使用者税领域，主要包括燃油税、轮胎税、内胎税、胎面胶税、货车拖车税、重车使用税等。此后，对具体的税种、税率作了一些局部的调整，如1966年增加了润滑油税、汽车配件税。20世纪80年代逐步停止了润滑油税、汽车配件税、内胎税、胎面胶税等征收，主要原因在于这些税种税基不宽、税额较少，对基金贡献不大。

当前计入公路信托基金的税收，主要包括燃油税、轮胎税、货车拖车税以及重车使用税，具体税种及税率见表1-1。

当前公路信托基金的主要税源及税率　　表1-1

<table>
<tr><td rowspan="2"></td><td rowspan="2" colspan="2">税　种</td><td rowspan="2">税率
（美分/加仑）</td><td colspan="2">税收去向</td></tr>
<tr><td>公路账户
（美分/加仑）</td><td>公共交通账户
（美分/加仑）</td></tr>
<tr><td rowspan="8">燃油税</td><td colspan="2">汽油</td><td>18.4</td><td>15.44</td><td>2.86</td></tr>
<tr><td colspan="2">柴油</td><td>24.4</td><td>21.44</td><td>2.86</td></tr>
<tr><td colspan="2">酒精—汽油混合燃料</td><td>13</td><td>6.94</td><td>2.86</td></tr>
<tr><td rowspan="5">特种燃料</td><td>一般税率</td><td>18.4</td><td>15.44</td><td>2.86</td></tr>
<tr><td>液化石油气</td><td>13.6</td><td>11.47</td><td>2.13</td></tr>
<tr><td>液化天然气</td><td>11.9</td><td>10.04</td><td>1.86</td></tr>
<tr><td>M85 混合燃料1</td><td>9.25</td><td>7.72</td><td>1.43</td></tr>
<tr><td>压缩天然气2</td><td>48.54</td><td>38.83</td><td>9.71</td></tr>
<tr><td rowspan="7">汽车相关税收</td><td colspan="5">汽车相关税收全部进入公路账户</td></tr>
<tr><td rowspan="4" colspan="2">轮胎税</td><td>40 磅以下</td><td colspan="2">免税</td></tr>
<tr><td>40～70 磅</td><td colspan="2">40 磅以上每磅 15 美分</td></tr>
<tr><td>70～90 磅</td><td colspan="2">4.5 美元 +70 磅以上每磅 30 美分</td></tr>
<tr><td>90 磅以上</td><td colspan="2">10.5 美元 +90 磅以上每磅 50 美分</td></tr>
<tr><td colspan="2">货车、拖车税</td><td colspan="3">征收对象：拖拉机；车辆总重超过 33000 磅的货车</td></tr>
<tr><td colspan="2">重车使用税</td><td colspan="3">征收对象：重量超过 55000 磅的货车</td></tr>
</table>

注：①85%甲醇与15%天然气的混合燃料；
　②单位：立方英尺。

大部分消费税（主要是燃油税）并不是由消费者直接缴纳，而是由美国国内税务局从纳税产品的生产商或进口商那里征收。但货车和拖车消费税由零售商缴纳，重车消费税由车辆用户缴纳。因此，大部分联邦燃油税收入来源于少数几个主要石油公司总部所在的州，大部分轮胎税收入来源于俄亥俄州（美国轮胎产业的集中地区）。当然，这些税负会变成产品价格的一部分，最终由公路使用者承担。

公路使用者税先进入财政一般预算账户，然后划入信托基金账户。财政部根据预测至少每个月划拨一次，随后根据实际收入情况进行调整。公路信托基金账户余额将会被投资公共债券，所得利息进入基金账户。1998 年 10

月 1 日后，只能用于投资无息债券。

2. 收入情况

公路信托基金成立后，其筹资能力在不断扩大。2007 年公路信托基金总收入达 343 亿美元，是 1957 年设立初的 23 倍，其中：燃油税收入 290 亿美元，占总收入 84.5%，为公路信托资金的主要资金来源，具体包括：汽油税、柴油及特种油税。在燃油税的诸税种中，汽油税是主体，达到了 70% 以上的份额，见表 1-2。

2007 年联邦公路信托基金（公路账户）**收入情况**（单位：万美元）　　表 1-2

<table>
<tr><td rowspan="7">消费税</td><td rowspan="3">汽车燃料</td><td>汽油</td><td>2065849</td></tr>
<tr><td>柴油和特殊燃料</td><td>834728</td></tr>
<tr><td>合计</td><td>2900577</td></tr>
<tr><td colspan="2">轮胎</td><td>46096</td></tr>
<tr><td colspan="2">货车、公共汽车和拖车</td><td>380948</td></tr>
<tr><td colspan="2">重车</td><td>103188</td></tr>
<tr><td colspan="2">合计</td><td>3430809</td></tr>
<tr><td colspan="3">利息</td><td>239</td></tr>
<tr><td colspan="3">总计</td><td>3431048</td></tr>
</table>

各个税种在公路信托基金中所占比重，如图 1-1 所示。

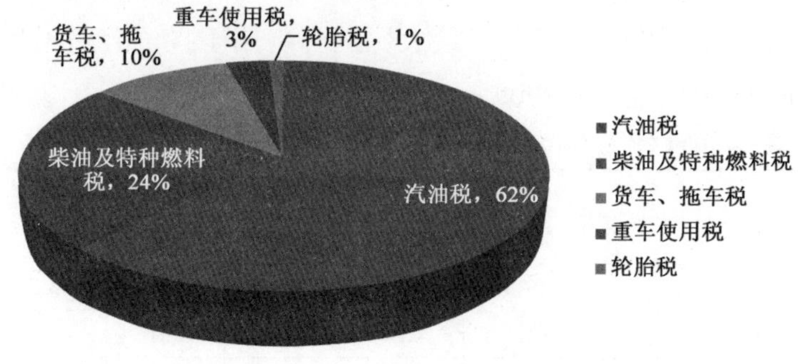

图 1-1　公路信托基金（公路账户）资金来源（2007 年）

表 1-3 列出了 2001 ~ 2007 财年信托基金收入及其增长情况。

2001 ~ 2007 年财年联邦公路信托基金收入情况 表 1-3

财　年	基金总收入（万美元）	增长率（%）
2001	2691652	—
2002	2798294	4.0
2003	2896400	3.5
2004	2978500	2.8
2005	3290856	10.5
2006	3368456	2.4
2007	3431048	1.9
年均		4.6

3. 支出用途

公路信托基金主要投资州际公路和国家公路系统，通过国会批准的联邦投资计划来实现。公路信托基金的支出由公路预算授权决定，大多通过“合约授权”的方式。信托基金的年度支出很大程度上取决于年度对“合约授权”的支出限额，支出限额通常在拨款法案中确定。

公路信托基金由公路账户（Highway Account）和公共交通账户（Mass Transit Account）组成。其中公路账户投资公路和多式联运项目，主要分为三大类：公路项目、公路安全项目和运输安全项目。公路信托基金账户记录来自公路使用者税的资金流入，以及用于公路和公共交通项目的支出（一些运输项目会获得一般预算的拨款）。最大比例支出用于投资公路项目。表 1-4 列出了 SAFETEA-LU 法案（2005 ~ 2009 年）的预算支出情况。

2005 ~ 2009 年“联邦投资公路计划”资金投入情况（单位：百万美元） 表 1-4

项　目	2005 年	2006 年	2007 年	2008 年	2009 年	总 计
州际公路养护	4884	4961	5039	5119	5199	25202
国家公路系统	5911	6005	6111	6208	6307	30542
公路桥梁	4188	4254	4320	4388	4457	21607
陆路运输	6860	6270	6370	6473	6577	32550
缓解拥堵和改善空气质量	1667	1694	1721	1749	1777	8609

续上表

项　　目	2005 年	2006 年	2007 年	2008 年	2009 年	总 计
公路安全改善	—	1236	1256	1276	1296	5064
阿巴拉契亚发展公路系统	470	470	470	470	470	2350
休闲道路	60	70	75	80	85	370
联邦土地公路项目	769	834	889	954	1019	4465
改善国家走廊	195	390	487	487	390	1948
边境基础设施	123	145	165	190	210	833
国家景区公路	27	30	35	40	44	175
渡轮建造和渡口基础设施建设	38	55	60	65	67	285
波多黎各公路	115	120	135	145	150	665
国家和地区性的重点项目	178	356	445	445	356	1779
优先实施项目	2966	2966	2966	2966	2966	14832
安全上学路线	54	100	125	150	183	612
磁悬浮交通应用	—	15	15	30	30	90
国家走廊规划及边境基础设施	140	—	—	—	—	140
公路建设新工艺、新技术应用	—	15	20	20	20	75
公路使用税逃税	5	45	53	12	12	127
行政管理支出	353	371	389	408	424	1945
消除高铁通道公铁立交危险性	—	7	10	13	15	45
衡平奖励金	7428	6873	8327	9175	9093	40896
运输、社区及体制保护	25	61	61	61	61	270
印第安居住区公路桥梁	14	14	14	14	14	70
货车停车设施	—	6	6	6	6	25
货物多式联运配送试点	6	6	6	6	6	30
三角洲区域运输发展	—	10	10	10	10	40
安全带使用奖励金	112	—	—	—	—	112
禁止酒后驾车安全奖励金	110	—	—	—	—	110
作业区安全	—	5	5	5	5	20
交通基础设施融资与创新	122	122	122	122	122	610
收费价格试点	11	12	12	12	12	59
美国道路资源中心	2	3	3	3	3	14

续上表

项目	2005 年	2006 年	2007 年	2008 年	2009 年	总计
国家古迹桥梁	—	10	10	10	10	40
非机动化运输试点	—	25	25	25	25	100
消除种族歧视	8	8	8	8	8	38
道路使用费调查	—	2	4	4	4	13
其他运输项目	256	511	639	639	511	2555
国家冰川公园道路	10	10	10	10	10	50
交通建设与维护	—	10	—	—	—	10
德纳里连接线系统	—	15	15	15	15	60
改进多式联运设施	—	5	5	5	5	20
其他	4	12	9	7	8	41
总计	**37109**	**38128**	**40447**	**41825**	**41982**	**199490**

2012 年奥巴马总统签署的授权法案《在 21 世纪中前进法案》(MAP-21),对公路信托基金的支出作出规定:对未获得合约授权投资的一些项目提供了一定数量的合约授权和财政拨款,同时规定了年度支出限额(在每年的拨款法案中会有所变动)。

4.账户结余

公路信托基金账户在一般情况下会保持一定的结余。20 世纪 80 年代至 90 年代中期,基金账户结余基本维持在 10 亿美元左右。

1993 年汽油税率上调及 1997 年《纳税人减税法》(Taxpayer Relief Act)将 4.3 美分由一般预算划入到公路信托基金,直接导致基金账户结余的迅速上涨。据统计,1996 ~ 2000 年基金账户结余分别为 121 亿美元、126 亿美元、165 亿美元、192 亿美元、226 亿美元。1998 年《21 世纪运输衡平法案》对于消减结余资金的规定停止了一般预算的划拨。

从 2001 年开始,《21 世纪运输衡平法案》及《安全、可靠、灵活、高效的运输衡平法案:留给使用者的财产》使得基金支出迅速增长,并逐渐超过了收入。2008 年后,联邦运输部指出:除非获得财政一般预算的拨款,否则公路信托基金账户将出现赤字。随后,国会从一般预算中对公路信托基金给予了

34.5 亿美元的财政拨款。2010 年,《保障就业激励法案》(Hiring Incentives to Restore Employment Act)规定了一般预算对于公路信托基金拨款的合法化与常态化。由于有了一般预算来源的保障,2010 年末公路信托基金结余恢复正值。

为保证公路信托基金账户结余维持正值,《在 21 世纪中前进法案》(MAP-21)规定:至 2014 年年底,对于公路账户和公共交通账户,在符合现阶段或之前法律条款的前提下,允许进行项目支出。从 2015 年初开始,只有在账户有结余的情况下,才能进行新的项目支出。

八、公路信托基金的困境

1956 年以来,联邦公路交通项目支出主要是通过缴入公路信托基金账户的燃油税收入提供的。随后,由于汽车保有量的增长、燃油税收入不断增长,使公路信托基金账户的资金量也不断增长,由此满足了过去几十年公路交通项目支出的需要。但信托基金收入增长的势头在 2008 年终止了。过去几年里,公路信托基金的收入与支出需求之间一直存在着较大的缺口。

出现资金缺口并不意外。早在 2005 年之前(SAFETEA 法案筹划期间),就有相关部门向国会建议改革公路交通项目及其投资机制。然而直到今天,国会在公路交通项目筹资方面仍没有大的改变,只是批准了从一般预算资金拨款到公路信托基金账户(MAP-21 法案)。这种资金需求与资金来源不匹配的问题,可能在 2014 年后的授权法案中作为重点问题予以解决。

1. 公路信托基金的"困局"

公路信托基金由公路账户和公共交通账户两部分构成。目前,基金账户的主要收入来自于 18.4 美分/加仑的汽油税和 24.4 美分/加仑的柴油税。虽然信托基金还有其他的收入来源(如货车登记费、货车轮胎税,以及基金账户余额的利息收入等),但燃油税提供了基金 90% 的收入来源。公共交通账户接受了 2.86 美分/加仑的燃油税,其余的收入基本进入了公路账户。另外,还有 0.1 美分/加仑的燃油税进入了地下储油罐泄漏信托基金。

自1956年公路信托基金设立以来,燃油税税率增长过4次,分别发生在1959年、1982年、1990年和1993年。最近两次增长的主要原因是为了消减财政赤字。因此,税收增量的绝大部分缴入了财政一般预算资金账户。直到1998年,经过国会的力争,所有的燃油税收入才又重新并入了信托基金账户。

1993年后,燃油税税收结构的一些调整引起了信托基金收入的一定增长。如2004年的就业创造法(Jobs Creation Act of 2004)的实施,通过改变酒精汽油税的构成,增加了信托基金的收入。2005年SAFETEA法案通过解决逃税问题而衍生的相关收入也支撑了信托基金。同时,SAFETEA法案还提供了与交通运输活动相关联的一般税收收入对信托基金的支持。在SAFETEA法案时期税收结构的变化,曾经被认为是导致信托基金账户出现125亿美元盈余的主要原因。更为重要的是,当时普遍认为经济的预期快速增长,将会提供充裕的资金支撑公路交通项目。但事实证明,这种预期是大错特错了。

由于过度乐观的估计而导致的账户亏空,只能通过一般预算资金来弥补。2008年国会批准向信托基金公路账户拨款80亿美元,2009年拨款70亿美元。同时,就业刺激和恢复法案(The Hiring Incentives to Restore Employment Act)的实施,为信托基金公路账户提供了147亿美元、公共交通账户提供了48亿美元的一般预算资金拨款。MAP-21法案批准在2013年和2014年分别提供62亿美元和126亿美元的一般预算资金拨款。此外,在2012年,地下储油罐泄漏信托基金累计的账户盈余24亿美元也拨到了信托基金账户。根据国会预算办公室预计,到2014年9月MAP-21法案期满时,信托基金公路账户将仅保持40亿美元的余额,公共交通账户余额也仅为20亿美元。

2. 公路信托基金前景堪忧

(1)**信托基金支出缺口巨大**。根据国会预算办公室预计,2014年以后公路信托基金的收入仍将难以满足公路交通项目的基本支出需要。到2015年,信托基金的公路账户和公共交通账户的余额都将接近于零。到2020年,信托基金将累计亏空820亿美元(假定维持基本支出加上通货膨胀因素)。

因此,为了支撑2015~2020年的公路交通项目的基本支出,信托基金将需要大约850亿美元的新增收入,即需要增长33%,而现有的燃油税不可能产生这样的收入增长。这就需要一般预算资金提供支持,但这意味着将产生巨额的财政赤字。

(2)**信托基金收入增长放缓**。三个重要因素导致了信托基金收入自动增长的时代已经结束:一是经济增长放缓,抑制了个人收入增长(减少了休闲出行)、减少了工作出行、弱化了货运的需求,导致行车里程不再像过去(1960~2008年)那样以年均2%的速度增长。二是近年来的新政策弱化了车辆出行与燃油税收入之间的关系,如2012年8月奥巴马政府发布了较为严格的2017~2025年车辆燃油节能新标准,同时数量不断扩张的混合动力和电动车很少或不缴纳燃油税。三是一些政治力量正在策划反对信托基金筹资机制。

(3)**消减项目的做法短期难以奏效**。现行燃油税税率的增长可直接减轻信托基金的支出压力。根据经验,税率每增加1美分可使年度燃油税收入增加16~18亿美元。然而,即使未来十年燃油税收入能够实现适度增长,但消减燃油消耗的预期,也使人们对燃油税能够支撑不断增加的项目支出产生了怀疑。因此,在对未来公路交通项目的授权中,国会将面临一个选择:或者开辟新的收入来源,或者缩减公路交通项目规模。

但由于公路交通项目投资、合约授权的多年期性质,以及现有项目持续存在的支出承诺,使得缩减项目规模的做法、并不能有效缓解信托基金的支出压力。如2013年未履行的公路项目合约授权总额约670亿美元和300亿美元的未明确具体用途的合约授权。对公共交通项目而言,这些数字是130亿美元和80亿美元。而这些合约已经由联邦政府做出了承诺,是必须要支出的。

九、公路信托基金的选择

现行的燃油税征收是以“几美分/加仑”的形式一次性确定下来的。当燃油消耗量减少时,信托基金的收入就会相应减少。据国会预算办公室预测,2023 年之前,现行燃油税收入的年均增长率不超过 1%,并且所有的增长只来源于货车的柴油消耗。同时考虑到增税可能遇到政治障碍,寻求选择替代方式支持信托基金的取向正在增强。目前,可采取的替代方式主要有:将燃油税税率与燃油价格挂钩,改革现行燃油税的税收结构,基于行车里程的收费等。

1. 燃油销售税

燃油销售税是指将燃油税税率与燃油价格相挂钩,即燃油税以燃油零售价格的一个百分比的形式确定,而不是采取现在的每加仑燃油征收固定数额的方式。目前,一些州已经采用了与燃油价格挂钩的方式征税,或两种方式同时并行。

据美国公路交通运输协会测算,在 2011 年采取对汽油销售价格的 8.4%、柴油销售价格 10.6% 的税率征税,所得收入与现行征税方式取得的收入大致相等。如果未来燃油价格上涨(美国能源部能源信息管理中心预测),燃油税收入将会逐年上升。相反,燃油价格的下跌将会导致税收收入的减少。

事实上,过去许多州曾采取了与燃油价格挂钩的征税方式。但经过 20 世纪 70 年代燃油价格振荡和 80 年代价格的大幅下跌,在过去的 20 年里,采用与燃油价格挂钩征税的做法基本停止了。然而最近,弗吉尼亚州又开始采用了这种征税方式支持公路交通项目。

但有分析认为,采用燃油销售税的做法至多只是个过渡措施。因为燃油税收入依赖于燃油消耗量,而目前及未来提升车辆使用功效、推行混合动力或电力车的政策走向,将导致燃油消耗量的不断减少。因此从长远看,燃油销售税不能有效增加信托基金的收入。此外,燃油销售税受燃油价格变动因素的影响较大。

2. 税收结构调整

在现行燃油税结构上做出几个方面的调整,但并不改成燃油销售税。具体措施是:

(1)充分利用燃油价格的变动而增税,如仅当汽油价格降到指定的临界值时才增税。

(2)增加所有的公路税收,为的是显示对公路使用者一揽子的税收增加,而不仅仅是增加汽油税。

(3)建立燃油税通胀指数,即通过各种指数来调整燃油税税率,从而使燃油税达到1993年购买水平,但这样需要提供每年的税率通胀指数。

3.收费融资机制

基于行车里程的收费融资机制,在美国交通运输领域已经讨论多年,并成为广泛研究的主题。目前所有的研究结论都认为:基于行车里程的收费是可取的,也是可行的,但要先开展试点、积累经验,然后择机推广实施。

(1)**国会的态度**。国会对基于行车里程的收费融资机制表示支持。如国会的筹资委员会认为:从长远看,联邦为公路交通项目提供资金的各种制度选择中,最为切实可行的就是直接的基于行车里程的使用者付费制度,而不是通过间接的燃油税方式。在以行车里程为基准因素的同时,也可以将行车时段、公路类型、车重和车辆节能情况等因素考虑进去。同时,联邦政府采取这样一个制度选择,也为各州和地方政府利用收费制度发展公路奠定了基础,借此提高州和地方政府在公路投资方面的份额,进而提升公路收费制度的应用效率。

使用者直接付费的制度设计,既应保护个人隐私和公民自由,又应兼顾多目标的实现(如有利于国家路网的发展、实现社会公平、不影响州际贸易以及支持减少碳排放等)。同时,通过价格机制的应用,引导车辆转移到非拥堵时段或改用其他方式出行,提高路网的使用效率,进而减少额外的支出需求。

(2)**经济学的态度**。经济学家认为:基于行车里程的收费是一种更高级别的使用者付费制度。虽然燃油税经常被认为是一种使用者付费制度,但其更容易被理解为使用者付费代理制,因为燃油税并不直接对应着基础设施消费量(里程)。如一部丰田普锐斯混合动力车和一部汽油动力的运动型多用途车同时出行,使用了相同的基础设施数量(公路里程),根据车的燃油功效却需缴纳不同数量的税。相比之下，基于行车里程的收费，需缴纳的费用直接与使用的公路里程挂钩。如果再把车的质量（反映车辆对路面的磨损程度）等因素考虑进去，可能会形成一个更加综合的基础设施使用者付费制度。

（3）**收费机制的优点**。基于行车里程的收费机制有两个优点：一是所有公路使用者都必须付费，而目前采用电池、燃料电池或其他替代技术作为动力的车辆并未缴纳燃油税。二是能够反映出使用基础设施特别路段时更全面的成本支出，如对城市道路等繁忙路段可设置较高的收费标准。同时，收费机制可以随着时段、路况水平等因素的变化，给予驾驶员一定的价格信息，从而鼓励他们改变出行方式，以避开拥堵或错开出行高峰期。

（4）**收费机制的实践**。基于行车里程的收费在交通运输领域已有很长的历史。一些州对货车征收了质量税和里程税，同时许多收费公路的收费标准也是基于行车里程和车轴数量（作为车重的替代）制定的。

目前实施公路使用者付费制度遇到的最主要问题是，如何找到一个有效的方式或方法对公路使用情况和征费情况进行科学度量。当前由于大容量的电子技术（如无线通信技术、全球定位系统 GPS）在车辆上的广泛应用，支撑使用者付费制度的技术已经存在。但在具体实施过程中，需要一套明确的技术标准，采用统一的模式收集和处理技术信息。此外，也还存在一些诸如隐私保护、管理成本等问题需要进一步解决。

联邦基于行车里程的收费，可以为信托基金提供资金来源。采用收费制度，或替代燃油税，或与燃油税并行。即在实施了收费制度后，一定类型的车辆需要继续缴纳燃油税。此外，收费制度也可能是联邦增加收入的另一种措施，与燃油税无关。

十、公路信托基金的未来

如果国会不选择以增税或收费的方式增加信托基金的收入，而继续采用一般预算资金拨款方式维持或扩大公路交通项目支出，则上面讨论的筹资模式，既能支撑信托基金，也能支撑一般预算资金（如果国会希望以此替代信托基金）。但这将是对过去实践的一种很大的背离，将因此弱化公路使用者付费制度与公路桥梁项目支出之间的直接联系。

当时公路信托基金是作为一种临时性筹资措施而设立的。当州际公路建设完成，信托基金就应该终止。但信托基金存续了下来，并且其融资范围更加广泛并超出了州际公路的范围。然而，信托基金作为联邦为公路交通项目筹资的角色并不是必需的。国会习惯于以一般预算资金拨款的方式为大型基础设施项目提供资金，如军事工程项目。在1956年以前，联邦为公路交通项目提供资金就是通过每年的一般预算资金拨款。最近的像阿巴拉契亚公路系统等重点项目，也是由一般预算资金提供的。

一种选择：

是将信托基金专门用于公路项目（如州际公路、国家公路系统、重要桥梁和联邦土地项目）支出。公共交通和运输类项目的支出由一般预算资金提供。2012 年 2 月国会众议院曾就此做出了提案，但因遭到强有力的反对而未能实施。

另一种选择：

是废除信托基金的结构，从而废除复杂的预算框架。废除信托基金意味着公路交通项目将与其他联邦项目竞争，可能导致公路交通项目支出的减少。但从 2008 年一般预算资金拨款到信托基金账户的情况看，国会愿意为公路交通项目提供资金但不管资金出处。废除信托基金的结构，把燃油税看作联邦收入的一个资金来源，会为国会在资金分配上提供更大的灵活性。

同时，废除信托基金可以释放出更大的创造性。从历史上看，美国交通基础设施的重点项目（如州际铁路、巴拿马运河等），都是由国会特别授权拨款完成的。因此，重新考虑信托基金的结构，可能为国会和总统提出新的筹资办法创造一个良好的机会。

表 1-5 为美国燃油税（联邦税）征收情况。

表 1-6 为美国汽油税（州税）征收情况。

表 1-7 为信托基金（公路账户）收入情况。

表 1-5

美国燃油税(联邦税)征收情况

类别	税率(单位:美分/加仑)	生效日期	税收分配情况(单位:美分/加仑)				
			公路信托基金		地下储油罐泄漏信托基金	纳入一般预算	
			公路账户	公交账户		消减赤字	未指定用途
1. 汽油	3	07/01/56	3	—	—	—	—
	4	10/01/59	4	—	—	—	—
	9	04/01/83	8	1	—	—	—
	9	08/01/84	8	1	—	—	—
	9.1	01/01/87	8	1	0.1	—	—
	14.1	12/01/90	10	1.5	0.1	2.5	—
	18.4	10/01/93	10	1.5	0.1	6.8	—
	18.4	10/01/95	12	2	0.1	4.3	—
	18.3	01/01/96	12	2	—	4.3	—
	18.4	10/01/97	15.45	2.85	0.1	—	—
	18.4	10/01/97	15.44	2.86	0.1	—	—
2. 柴油	3	07/01/56	3	—	—	—	—
	4	10/01/59	4	—	—	—	—
	9	04/01/83	8	1	—	—	—
	15	08/01/84	14	1	—	—	—
	15.1	01/01/87	14	1	0.1	—	—
	20.1	12/01/90	16	1.5	0.1	2.5	—

续上表

类别	税率（单位:美分/加仑）	生效日期	税收分配情况（单位:美分/加仑）				
			公路信托基金		地下储油罐泄漏信托基金	纳入一般预算	
			公路账户	公交账户		消减赤字	未指定用途
2. 柴油	24.4	10/01/93	16	1.5	0.1	6.8	—
	24.4	10/01/95	18	2	0.1	4.3	—
	24.3	01/01/96	18	2	—	4.3	—
	24.4	10/01/97	21.45	2.85	0.1	—	—
	24.4	10/01/97	21.44	2.86	0.1	—	—
3. 酒精—汽油（10%乙醇）	3	07/01/56	3	—	—	—	—
	4	10/01/59	4	—	—	—	—
	—	01/01/79	—	—	—	—	—
	4	04/01/83	3.56	0.44	—	—	—
	4	08/01/84	3	1	—	—	—
	3	01/01/85	2	1	—	—	—
	3.1	01/01/87	2	1	0.1	—	—
	8.7	12/01/90	4	1.5	0.1	2.5	0.6
	13	10/01/93	4	1.5	0.1	6.8	0.6
	13	10/01/95	3.5	2	0.1	6.8	0.6
	12.9	01/01/96	3.4	2	—	6.9	0.6
	13	10/01/97	6.95	2.85	0.1	2.5	0.6
	13	10/01/97	6.94	2.86	0.1	2.5	0.6

续上表

类别	税率（单位:美分/加仑）	生效日期	税收分配情况（单位:美分/加仑）				
			公路信托基金		地下储油罐泄漏信托基金	纳入一般预算	
			公路账户	公交账户		消减赤字	未指定用途
4. 酒精—汽油（10%甲醇）	3	07/01/56	3	—	—	—	—
	4	10/01/59	4	—	—	—	—
	—	01/01/79	—	—	—	—	—
	4	04/01/83	3	1	—	—	—
	3	01/01/85	2	1	—	—	—
	3.1	01/01/87	2	1	0.1	—	—
	8.1	12/01/90	4	1.5	0.1	2.5	—
	12.4	10/01/93	4	1.5	0.1	6.8	—
	12.4	10/01/95	3.5	2	0.1	6.8	—
	12.3	01/01/96	3.4	2	—	6.9	—
	12.4	10/01/97	6.95	2.85	0.1	2.5	—
	12.4	10/01/97	6.94	2.86	0.1	2.5	—
5. 酒精—汽油（7.7%乙醇）	3	07/01/56	3	—	—	—	—
	4	10/01/59	4	—	—	—	—
	9	04/01/83	8	1	—	—	—
	9	08/01/84	8	1	—	—	—
	9.1	01/01/87	8	1	0.1	—	—

续上表

类别	税率 (单位:美分/加仑)	生效日期	税收分配情况(单位:美分/加仑)				
			公路信托基金		地下储油罐泄漏信托基金	纳入一般预算	
			公路账户	公交账户		消减赤字	未指定用途
5. 酒精—汽油(7.7%乙醇)	14.1	12/01/90	10	1.5	0.1	2.5	—
	9.942	01/01/93	5.842	1.5	0.1	2.5	—
	14.242	10/01/93	5.842	1.5	0.1	6.8	—
	14.242	10/01/95	5.342	2	0.1	6.8	—
	14.142	01/01/96	5.242	2	—	6.9	—
	14.242	10/01/97	8.792	2.85	0.1	2.5	—
	14.242	10/01/97	8.782	2.86	0.1	2.5	—
6. 酒精—汽油(7.7%甲醇)	3	07/01/56	3	—	—	—	—
	4	10/01/59	4	—	—	—	—
	9	04/01/83	8	1	—	—	—
	9	08/01/84	8	1	—	—	—
	9.1	01/01/87	8	1	0.1	—	—
	14.1	12/01/90	10	1.5	0.1	2.5	—
	9.48	01/01/93	5.38	1.5	0.1	2.5	—
	13.78	10/01/93	5.38	1.5	0.1	6.8	—
	13.78	10/01/95	4.88	2	0.1	6.8	—
	13.68	01/01/96	4.78	2	—	6.9	—

续上表

类别	税率（单位:美分/加仑）	生效日期	税收分配情况（单位:美分/加仑）				
			公路信托基金		地下储油罐泄漏信托基金	纳入一般预算	
			公路账户	公交账户		消减赤字	未指定用途
6. 酒精—汽油(7.7%甲醇)	13.78	10/01/97	8.33	2.85	0.1	2.5	—
	13.78	10/01/97	8.32	2.86	0.1	2.5	—
7. 酒精—汽油(5.7%乙醇)	3	07/01/56	3	—	—	—	—
	4	10/01/59	4	—	—	—	—
	9	04/01/83	8	1	—	—	—
	9	08/01/84	8	1	—	—	—
	9.1	01/01/87	8	1	0.1	—	—
	14.1	12/01/90	10	1.5	0.1	2.5	—
	11.022	01/01/93	6.922	1.5	0.1	2.5	—
	15.322	10/01/93	6.922	1.5	0.1	6.8	—
	15.322	10/01/95	6.422	2	0.1	6.8	—
	15.222	01/01/96	6.322	2	—	6.9	—
	15.322	10/01/97	9.872	2.85	0.1	2.5	—
	15.322	10/01/97	9.862	2.86	0.1	2.5	—
8. 酒精—汽油(5.7%甲醇)	3	07/01/56	3	—	—	—	—
	4	10/01/59	4	—	—	—	—
	9	04/01/83	8	1	—	—	—

续上表

类别	税率（单位:美分/加仑）	生效日期	税收分配情况（单位:美分/加仑）				
			公路信托基金		地下储油罐泄漏信托基金	纳入一般预算	
			公路账户	公交账户		消减赤字	未指定用途
8. 酒精—汽油（5.7%甲醇）	9	08/01/84	8	1	—	—	—
	9.1	01/01/87	8	1	0.1	—	—
	14.1	12/01/90	10	1.5	0.1	2.5	—
	10.68	01/01/93	6.58	1.5	0.1	2.5	—
	14.98	10/01/93	6.58	1.5	0.1	6.8	—
	14.98	10/01/95	6.08	2	0.1	6.8	—
	14.88	01/01/96	5.98	2	—	6.9	—
	14.98	10/01/97	9.53	2.85	0.1	2.5	—
	14.98	10/01/97	9.52	2.86	0.1	2.5	—
9. 特殊燃料（普通税率）	3	07/01/56	3	—	—	—	—
	4	10/01/59	4	—	—	—	—
	9	04/01/83	8	1	—	—	—
	9	08/01/84	8	1	—	—	—
	9.1	01/01/87	8	1	0.1	—	—
	14.1	12/01/90	10	1.5	0.1	2.5	—
	18.4	10/01/93	10	1.5	0.1	6.8	—
	18.4	10/01/95	12	2	0.1	4.3	—

续上表

类别	税率（单位:美分/加仑）	生效日期	税收分配情况（单位:美分/加仑）				
			公路信托基金		地下储油罐泄漏信托基金	纳入一般预算	
			公路账户	公交账户		消减赤字	未指定用途
9. 特殊燃料（普通税率）	18.3	01/01/96	12	2	—	4.3	—
	18.4	10/01/97	15.45	2.85	0.1	—	—
	18.4	10/01/97	15.44	2.86	0.1	—	—
10. 特殊燃料（液化石油气）	3	07/01/56	3	—	—	—	—
	4	10/01/59	4	—	—	—	—
	9	04/01/83	8	1	—	—	—
	9	08/01/84	8	1	—	—	—
	14	12/01/90	10	1.5	—	2.5	—
	18.3	10/01/93	10	1.5	—	6.8	—
	18.3	10/01/95	12	2	—	4.3	—
	13.6	10/01/97	10.75	2.85	—	—	—
	13.6	10/01/97	11.47	2.13	—	—	—
11. 特殊燃料（液化天然气）	3	07/01/56	3	—	—	—	—
	4	10/01/59	4	—	—	—	—
	9	04/01/83	8	1	—	—	—
	9	08/01/84	8	1	—	—	—
	9.1	01/01/87	8	1	0.1	—	—

续上表

类别	税率（单位:美分/加仑）	生效日期	税收分配情况（单位:美分/加仑）				
			公路信托基金		地下储油罐泄漏信托基金	纳入一般预算	
			公路账户	公交账户		消减赤字	未指定用途
11. 特殊燃料（液化天然气）	14.1	12/01/90	10	1.5	0.1	2.5	—
	18.4	10/01/93	10	1.5	0.1	6.8	—
	18.4	10/01/95	12	2	0.1	4.3	—
	18.3	01/01/96	12	2	—	4.3	—
	11.9	10/01/97	9.05	2.85	—	—	—
	11.9	10/01/97	10.04	1.86	—	—	—
12. 特殊燃料（85%乙醇与15%天然气混合燃料）	3	07/01/56	3	—	—	—	—
	4	10/01/59	4	—	—	—	—
	9	04/01/83	8	1	—	—	—
	4.5	08/01/84	3.5	1	—	—	—
	4.6	01/01/87	3.5	1	0.1	—	—
	7.1	12/01/90	4.25	1.5	0.1	1.25	—
	11.4	10/01/93	4.25	1.5	0.1	5.55	—
	11.4	10/01/95	5	2	0.1	4.3	—
	11.3	01/01/96	5	2	—	4.3	—
	11.4	10/01/97	8.45	2.85	0.1	—	—
	11.4	10/01/97	8.44	2.86	0.1	—	—

续上表

类别	税率（单位：美分/加仑）	生效日期	税收分配情况（单位：美分/加仑）				
			公路信托基金		地下储油罐泄漏信托基金	纳入一般预算	
			公路账户	公交账户		消减赤字	未指定用途
13. 特殊燃料（85%甲醇与15%天然气混合燃料）	3	07/01/56	3	—	—	—	—
	4	10/01/59	4	—	—	—	—
	9	04/01/83	8	1	—	—	—
	4.5	08/01/84	3.5	1	—	—	—
	4.6	01/01/87	3.5	1	0.1	—	—
	7.1	12/01/90	4.25	1.5	0.1	1.25	—
	11.4	10/01/93	4.25	1.5	0.1	5.55	—
	11.4	10/01/95	5	2	0.1	4.3	—
	11.3	01/01/96	5	2	—	4.3	—
	9.25	10/01/97	6.3	2.85	0.1	—	—
	9.25	10/01/97	7.72	1.43	0.1	—	—
14. 特殊燃料（85%乙醇与15%石油气混合燃料）	3	07/01/56	3	—	—	—	—
	4	10/01/59	4	—	—	—	—
	—	04/01/83	—	—	—	—	—
	3.1	01/01/87	2	1	0.1	—	—
	3.05	01/01/87	2	1	0.05	—	—
	9.25	12/01/90	4.6	1.5	0.05	2.5	0.6

续上表

类别	税率（单位:美分/加仑）	生效日期	税收分配情况（单位:美分/加仑）				
			公路信托基金		地下储油罐泄漏信托基金	纳入一般预算	
			公路账户	公交账户		消减赤字	未指定用途
14. 特殊燃料（85%乙醇与15%石油气混合燃料）	12.95	10/01/93	4	1.5	0.05	6.8	0.6
	12.95	10/01/95	3.5	2	0.05	6.8	0.6
	12.9	01/01/96	3.5	2	—	6.8	0.6
	12.95	10/01/97	6.95	2.85	0.05	2.5	0.6
	12.95	10/01/97	6.94	2.86	0.05	2.5	0.6
15. 特殊燃料（85%甲醇与15%石油气混合燃料）	3	07/01/56	3	—	—	—	—
	4	10/01/59	4	—	—	—	—
	—	04/01/83	—	—	—	—	—
	3.1	01/01/87	2	1	0.1	—	—
	3.05	01/01/87	2	1	0.05	—	—
	8.05	12/01/90	4	1.5	0.05	2.5	—
	12.35	10/01/93	4	1.5	0.05	6.8	—
	12.35	10/01/95	3.5	2	0.05	6.8	—
	12.3	01/01/96	3.5	2	—	6.8	—
	12.35	10/01/97	6.95	2.85	0.05	2.5	—
	12.35	10/01/97	6.94	2.86	0.05	2.5	—
16. 压缩天然气（美分/千立方英尺）	48.54	10/01/93	—	—	—	48.54	—
	48.54	10/01/97	38.94	9.6	—	—	—
	48.54	10/01/97	38.83	9.71	—	—	—

表 1-6

美国汽油税(州税)征收情况

序号	STATE	州	税率(美分/加仑)(2008 年 1 月 1 日)
1	Alabama	阿拉巴马州	18
2	Alaska	阿拉斯加州	8
3	Arizona	亚利桑那州	18
4	Arkansas	阿肯色州	21.5
5	California	加利福尼亚	18
6	Colorado	科罗拉多州	22
7	Connecticut	康涅狄格州	25
8	Delaware	特拉华州	23
9	Dist. of Col.	华盛顿哥伦比亚特区	20
10	Florida	佛罗里达州	15.6
11	Georgia	佐治亚	7.5
12	Hawaii	夏威夷州	17
13	Idaho	爱达荷州	25
14	Illinois	伊利诺伊州	19
15	Indiana	印地安那州	18
16	Iowa	爱荷华州	20.7
17	Kansas	堪萨斯州	24

续上表

序号	STATE	州	税率(美分/加仑)(2008年1月1日)
18	Kentucky	肯塔基州	21
19	Louisiana	路易斯安那	20
20	Maine	缅因州	28.4
21	Maryland	马里兰州	23.5
22	Massachusetts	马萨诸塞州	21
23	Michigan	密歇根州	19
24	Minnesota	明尼苏达州	20
25	Mississippi	密西西比州	18.4
26	Missouri	密苏里州	17
27	Montana	蒙大拿	27
28	Nebraska	内布拉斯加州	26
29	Nevada	内华达州	24.8
30	New Hampshire	新罕布什尔州	19.625
31	New Jersey	新泽西州	10.5
32	New Mexico	新墨西哥州	18.875
33	New York	纽约	24.45
34	North Carolina	北卡罗来纳州	30.15

续上表

序号	STATE	州	税率(美分/加仑)(2008 年 1 月 1 日)
35	North Dakota	北达科他州	23
36	Ohio	俄亥俄州	28
37	Oklahoma	俄克拉荷马州	17
38	Oregon	俄勒冈州	24
39	Pennsylvania	宾夕法尼亚州	31.2
40	Rhode Island	罗得岛州	30
41	South Carolina	南卡罗来纳州	16
42	South Dakota	南达科他州	22
43	Tennessee	田纳西州	20
44	Texas	得克萨斯州	20
45	Utah	犹他州	24.5
46	Vermont	佛蒙特州	19
47	Virginia	弗吉尼亚州	17.5
48	Washington	华盛顿	38
49	West Virginia	西弗吉尼亚	32.2
50	Wisconsin	威斯康星州	30.9
51	Wyoming	怀俄明州	14

信托基金(公路账户)收入情况

表 1-7

财年	消费税(单位:万美元)												利息	合计
	汽车燃料				轮胎	内胎	胎面胶	货车、公共汽车和拖车	USE	润滑油	其他	合计		
	汽油	乙醇汽油混合燃料	柴油和特殊燃料	合计										
1957	129507	0	3048	132555	8218	0	1127	3441	2550	0	0	147891	309	148200
1958	154811	0	4978	159789	25631	1737	1081	11051	3323	0	0	202612	1769	204380
1959	160569	0	5096	165665	24725	1487	1410	10739	3385	0	0	207412	1358	208770
1960	196214	0	8163	204376	28110	1883	1568	14194	3771	0	0	253903	-321	253581
1961	227576	0	8490	236066	24598	1471	1381	11560	4677	0	0	279754	147	279901
1962	226764	0	10578	237342	32701	1755	2290	12797	7984	0	0	294869	677	295546
1963	234752	0	11444	246197	36535	1889	2406	31112	9732	0	0	327870	1427	329297
1964	251470	0	12811	264280	36952	2180	2193	35734	10576	0	0	351916	2036	353952
1965	259280	0	14368	273647	38154	2375	2416	39330	9928	0	0	365851	1103	366954
1966	268267	0	16357	284624	44215	3018	2428	44197	10198	2300	700	391680	731	392411
1967	293431	0	19001	312432	48195	3328	2804	52455	11153	6803	6916	444086	1423	445509
1968	290287	0	20817	311105	46828	1860	2536	50996	9849	8171	8052	439398	3350	442749
1969	296191	0	21891	318081	55143	2828	3011	54085	12932	8284	9354	463718	5265	468983
1970	342936	0	26316	369253	58848	2613	2803	69993	13681	9452	8721	535363	11541	546904
1971	364015	0	29421	393436	57645	2291	3039	69246	14803	5179	8517	554156	18388	572543
1972	360136	0	29186	389321	63175	2382	2682	43649	15051	7314	8669	532242	20563	552805

续上表

财年	消费税(单位:万美元)												利息	合计
	汽车燃料				轮胎	内胎	胎面胶	货车、公共汽车和拖车	USE	润滑油	其他	合计		
	汽油	乙醇汽油混合燃料	柴油和特殊燃料	合计										
1973	382153	0	33714	415867	72077	2880	3148	38040	16158	8002	10373	566545	24674	591219
1974	390661	0	39468	430129	83772	3338	2413	61413	22519	9400	13046	626031	41467	667498
1975	393782	0	40234	434016	74431	3281	2036	60162	22146	8429	14317	618817	58565	677383
1976	387210	0	34651	421860	54592	2497	2335	21923	20927	5596	11584	541315	58671	599986
TQ	110977	0	11577	122554	21010	844	695	5017	10988	2556	3943	167606	1337	168943
1977	425358	0	45381	470740	75799	3006	2492	70813	23970	7632	16471	670923	59307	730230
1978	423776	0	48461	472237	76148	3145	2542	85052	24555	8018	18747	690443	66216	756659
1979	433709	0	49726	483435	80876	3773	2046	94358	23533	8387	22473	718881	85729	804610
1980	389706	0	52255	441961	63330	2624	2109	91220	27742	7690	25306	661983	102748	764731
1981	388905	0	56097	445002	59942	2597	1909	66423	23665	7583	23371	630493	112882	743375
1982	412001	0	59408	471410	62590	2255	2340	72456	33281	7618	22418	674368	107850	782218
1983	561264	2757	88997	653019	57731	1956	1900	33840	23588	885	4783	777702	107582	885284
1984	756166	13728	147006	916900	31975	805	380	86482	17967	-1016	-2836	1050658	102653	1153311
1985	746382	12381	222485	981247	22365	-86	-78	139571	37859	-975	97	1180000	110645	1290645
1986	765559	14552	245293	1025404	31954	69	-24	114446	53279	-62	76	1225142	105414	1330556
1987	740719	12979	262140	1015837	29167	0	-8	72373	62020	5	-43	1179350	93391	1272741
1988	793388	15600	255728	1064716	33407	0	0	127716	58129	0	-325	1283643	80898	1364541
1989	799628	15308	404592	1219528	31604	0	0	123954	60831	0	-72	1435846	77591	1513437

续上表

财年	消费税(单位:万美元)												利息	合计
	汽车燃料				轮胎	内胎	胎面胶	货车、公共汽车和拖车	USE	润滑油	其他	合计		
	汽油	乙醇汽油混合燃料	柴油和特殊燃料	合计										
1990	747180	15354	289626	1052160	25479	0	0	111226	58372	0	-29	1247208	98107	1345315
1991	914047	23142	314189	1251378	35707	0	0	104742	57493	0	52	1449371	80977	1530348
1992	1024560	39550	327166	1391276	25668	0	0	87416	62001	0	-3	1566359	90845	1657203
1993	1038512	41641	311062	1391215	30448	0	0	119929	63040	0	0	1604632	81749	1686382
1994	1000174	61643	328127	1389943	32740	0	0	140522	61842	0	0	1625047	75439	1700486
1995	1073526	49155	451600	1574282	39544	0	0	200884	68179	0	0	1882889	54773	1937662
1996	1314290	77671	496317	1888277	53235	0	0	187886	73988	0	0	2203387	65787	2269174
1997	1248314	57540	471493	1777347	29975	0	0	167435	76176	0	0	2050932	80475	2131407
1998	1410124	74787	498906	1983817	39931	0	0	204053	86292	0	0	2314093	116570	2430663
1999	2080633	125592	771952	2978176	41603	0	0	280990	81370	0	0	3382139	182	3382321
2000	1757926	109298	699069	2566293	44213	0	0	332086	92129	0	0	3034721	-9	3034712
2001	1646231	147799	653444	2447473	34272	0	0	148871	60961	0	0	2691577	74	2691652
2002	1701415	162150	674722	2538286	35133	0	0	126572	98170	0	0	2798160	134	2798294
2003	1696359	199495	695001	2590855	40304	0	0	170967	94043	0	0	2896169	231	2896400
2004	1477677	448535	728586	2654798	44584	0	0	184661	94456	0	0	2978500	0	2978500
2005	1917387	135183	783215	2835785	46708	0	0	299269	108989	0	0	3290751	105	3290856
2006	2008291	0	808981	2817272	48821	0	0	361895	140355	0	0	3368343	114	3368456
2007	2065849	0	834728	2900577	46096	0	0	380948	103188	0	0	3430809	239	3431048

第二章　美国公路投融资政策走势

当前美国联邦公路交通项目支出，主要由缴入公路信托基金账户的燃油税收入提供。虽然过去在燃油税税制方面有过一些调整，但燃油税税率自1993年以来却一直没有变化。2007年经济衰退前，随着汽车保有量的增长，燃油消耗量随之增长，燃油税收入也不断增长。但近年来，由于愈加严格的节能标准抑制了燃油消耗，燃油税稳定增长的势头也遭到抑制。随之，公路交通项目支出的资金来源问题愈显突出。国会就此问题也曾着手研究解决，但对如何增加燃油税收入以及对长期的资金保障机制问题却未充分研究考虑。相反，国会采用了从一般预算资金拨款的方式，弥补燃油税收入的不足。

本章在讨论有关公路信托基金的制度问题的基础上，然后探讨关于交通基础设施筹资的其他可选择方式。其核心点是：

(1)短期内可通过增加燃油税税率方式增加项目投入。但此做法由于燃油消耗量的预期减少，难以形成长期的资金保障机制。

(2)以燃油销售税或基于行车里程收费的方式替代现行燃油税的做法，越来越引起相关部门的关注。

(3)为信托基金提供更多资金可能引发的政治争议，导致国会考虑改革或废止信托基金制度。但这种做法会涉及联邦、州和地方政府之间职责和责任的重新划分。

(4)利用私人资本或非财政资金(如收费、PPP模式、借贷等)提升交通基础设施的取向正在增强，但许多项目可能不适合这种替代方式。

一、收费筹资机制

在联邦资助公路的大部分历史时期，收取通行费是被禁止的、不鼓励的或者属于一个小角色。因此，在联邦公路项目的筹资中，收费收入只占很小的比例，如 2010 年仅占 4.83%。1956 年的联邦资助公路法案和联邦公路税收法案，为州际公路的建设提供了筹资机制，同时也明确规定联邦资助公路项目禁止收费。然而，35 年后颁布的 ISTEA 法案（1991 年）开启了非州际公路的收费。随后的 TEA-21 法案和 SAFETEA 法案，允许对高乘载车道收取通行费，并设立了州际公路线路收费试点项目，在一定情况下实行拥堵定价。

MAP-21 法案允许新建公路项目收费，包括新建的州际公路项目及其连接线；允许现有公路项目改扩建（包括州际公路和非州际公路）后收费，只要"免费"的车道数不减少；废除了联邦公路管理局对项目收费的审批权。尽管如此，MAP-21 法案仍然保留了大部分限制收费的规定。从本质上看，MAP-21 法案的新规定，很好地支持了国会和奥巴马政府对拥堵定价的广泛应用。

要实现通行费收入的显著增长，需要建设更多的收费设施、免费路向收费路转变，费率提高或交通量增加。收费里程的扩张很难结束：联邦公路局的统计数据显示，尽管有联邦不鼓励收费的政策，但到 2011 年 1 月 1 日，收费的公路、桥梁、隧道总里程已达 5540 英里（8915 千米），自 1990 年净增长 819 英里（1318 千米）、增长了 17%。尽管相关法案规定允许收费，但联邦通行费收入在全国总收入中的份额却未增加。如全国总的通行费收入从 2005 年 77.5 亿美元增长到 2011 年的 99.8 亿美元，但联邦的份额 6 年平均仅占 5%，相当于 1995 年以来年平均水平。

州和地方政府对联邦资助的公路进行收费扩张的能力，使得他们能够更容易获得资金建设新项目。收取通行费的另一个好处是能够提供必要的现金流吸引私人资本投资，或支撑 PPP 模式和其他融资创新方式。目前，至少有 31 个州拥有收费公路、桥梁或隧道项目。各种各样的收费措施已经应用在了许多公路项目上，包括最近弗吉尼亚州建设的华盛顿首都环线（495 号州际公路）项目。

美国法典（第 23 卷）对联邦资助公路项目收取通行费的规定：

（1）可收费的项目：新建的公路、桥梁、隧道或渡口（包括州际公路和非州际公路)项目,但联邦的参与度最多不超过80%;现有收费设施的改扩建;现有免费项目(包括州际公路和非州际公路)改扩建后,可转成收费项目,但免费车道数不能减少。收费设施必须是政府拥有,如果是私人拥有则必须由政府授权。

(2)允许各州对不符合乘载数量要求的车辆,以收取通行费的方式使用高乘载车(HOV)道(包括州际公路)。

(3)允许对不同州的三个州际公路改扩建试点项目收费,并将其转变为收费项目(1998年批准)。

(4)对价值定价试点项目,探索用价值定价的方法(包括采用收取通行费的方式)管理交通拥堵。

1. 收费筹资的选择方式

如果国会希望用扩大收取通行费的方式实现公路交通项目筹资,将会有很多的选择方式。主要是:

(1)对大部分或所有新建的联邦资助公路项目实行收费,将会大大缓解信托基金或一般预算资金的支出压力。

(2)将所有符合条件的州际公路项目转化为收费项目。州际公路相对其他公路而言,承载了较高的交通量,由此将产生充分的通行费收入支撑筹资。此外,在城市地区增加收费设施(仅仅7%的城市州际公路收费),还能够有效缓解交通拥堵。如允许对现存的州际公路收费,将违反1956年联邦资助公路法案中"免费"条款,可能遭遇社会的批评,认为是双重征税。

(3)一个更为广泛的选择是,允许各州对联邦资助公路项目收取通行费。这种选择对按时段或交通拥堵程度收费的进一步应用,可能产生的影响还不是很明确。

(4)通过立法进一步鼓励私人实体继续对联邦资助公路项目投资。但投资的可能是外加车道或公路枢纽。

在利用收费筹资过程中会遇到的问题是州和地方政府有可能将通行费收入用于其他方面的支出。如果实施收费政策的目的是增加公路交通项目的总支出额,则有必要要求州和地方政府不能将通行费收入用于一般性支出等其他方面的支出。

2. 收费筹资遇到的障碍

选择收费筹资将面临很大的障碍，特别是来自社会公众的强烈反对。美国法典（第23卷公路篇）对公路收费作了一定的限制，加上联邦公路局无权监督收费行为，因此对提升收费收入几乎没有直接的影响。

一些州已经将通行费收入作为重要的资金来源。如佛罗里达州、新泽西州、纽约州、宾夕法尼亚州和伊利诺伊州获得了10%以上的通行费收入。另一方面，还有19个州只有桥梁和隧道项目收费，没有公路收费项目。因为收费设施就其性质而言是属于地方的，公众对收费的接受程度因地域而异。因此，当前收费政策由地方制定的实际情况，可能限制了联邦政策的制定。

在地方层面，实施收费政策面对着一系列的挑战并不仅是社会公众反对。计划收费项目产生的收入一般情况不能覆盖项目建设成本，同时一些州发现收费项目很难获得公众的支持而难以获得政府补助。对一些私人投资的收费项目，经常需要政府补助或者需要政府将一些免费设施转成收费设施以获得其竞争力。还有就是一旦项目开始收费，交通量（特别是货车）会从收费路向不收费路转移。

货运企业或个人通常反对收费，他们倾向通过增加燃油税的方式增加收入、并专项用于公路交通项目支出。产生这种倾向主要原因是，用燃油税提供资金的做法，使得他们获得了来自汽油税的交叉补贴。此外，由于费率由地方控制，他们担心地方官员会对货车设置较高的费率（因为货运往往不在本地）。

二、溢价回收机制

溢价回收（Value Capture）是指提升公路交通项目性能所需要的部分或全部成本，由不动产所有者或开发商支出，因为其所有的或所建的不动产因交通项目而实现了增值。溢价回收机制具体方式包括税收增量、特别受益费、开发影响费、谈判税费和共同开发。美国政府问责办公室（GAO）认为，联邦在溢价回收机制中能够发挥的作用是有限的,但这种筹资模式也是值得做的,通常作为现行投融资机制的一个补充。

溢价回收不是一个新理念,如在19世纪末期,地产开发商将建设和运营有轨电车作为一种手段,来销售城市郊区的房产。近期的案例是与公共交通项目有关的。政府问责办公室认为,溢价回收机制广泛应用的方式是共同开发。如在交通站点附近的地产项目由政府和私人共同开发。一个例子是,交通机构将一个站点空间所有的所有权租借给开发商,定期回收租金。

事实上,共同开发的方式对交通机构而言,获得的收益较少。如亚特兰大市高速交通管理局在2008年发生一笔交易中,仅获得运营预算1%的收益。然而,并不被广泛应用的方式如特别受益区,对特定项目可能会产生较大的收入。如西雅图的一个特别受益区,获得的特别受益费占到了有轨电车项目总投资的47%。

过去,溢价回收机制在公路项目中用的比较少,但这种局面正在改变。如得克萨斯州已经批准创建一个交通再投资区为公路项目筹资。目前,有几个州为公路项目筹资创建了特别受益区,包括佛罗里达州和弗吉尼亚州。弗吉尼亚州在20世纪80年代末创建了一个特别受益区,为28路公交延伸到华盛顿杜勒斯国际机场的项目筹资。

三、TIFIA 筹资机制

作为TEA-21法案的组成部分,1998年国会颁布了《交通基础设施融资与创新法案》(TIFIA)。TIFIA为大型交通基础设施项目提供了联邦信贷支持的筹资机制,具体包括抵押贷款、贷款担保和授信。

由于联邦信贷支持提供的资金成本低、风险小,从而有助于低成本地获取其他资金支持。TIFIA提供资金的另一个目的是能够撬动包括私人资本在内的非联邦资金的投入。贷款必须由专门的收益偿还,特别是与使用者付费相关的项目,但有时也可以用专项税收资金。截至2013年8月26日,TIFIA已经为34个项目提供了113亿美元的资金支持,占项目总投资的25%。

MAP-21法案大幅度增加了TIFIA项目的资金量,从以往每年1.22亿美元增加到 2013 年的 7.5 亿美元和 2014 年的 10 亿美元。据联邦运输部预计，扣除管理成本和支出限额后，2013 年和 2014 年可以实际获得 6.9 亿美元和 9.2 亿美元的补助。假定平均补助为 10%，这将为联邦运输部提供 69 亿美元（2013 年）和 92 亿美元（2014 年）的贷款空间。增加 TIFIA 项目资金量的主要原因是，公路交通项目的支出需求不断增加，如 2012 年 TIFIA 项目的资金需求为 130 亿美元，而当年最多也只能提供 11 亿美元。此外，还有一个有争议的问题，即是否有必要将 TIFIA 的投资份额提升到总投资的 49%，如果这样，将会减少非联邦的投资份额，同时也可能“挤出”私人资本投资。

MAP-21 法案的另一项规定是准许 TIFIA 为总体抵押担保的一揽子项目（以往只针对单个项目）提供信贷支持。如洛杉矶市交通管理局按照这一规定，加速了 12 个公交项目的融资（即著名的 30/10 新方案）。这类项目的抵押担保，可以通过一种叫“万事达信用协议”方式实现，同时这种协议确立了可根据资金的具体需求而确定具体的支持额度的做法。

需要 TIFIA 提供支持的项目，其总投资不低于 5000 万美元，智能交通项目不低于 1500 万美元，MAP-21 法案规定农村项目不低于 2500 万美元。MAP-21 法案也预留了 10% 的资金支持农村项目。此外，城市项目贷款必须要支付不低于国债利率的利息，农村项目的贷款利率可以为国债利率的一半。对农村项目的界定是非常广泛的，包括 25 万以上人口的城市以外的任何区域的项目。MAP-21 法案对 TIFIA 项目的最高投资份额从 33% 提高到了 49%，由此降低了联邦贷款撬动的非联邦资金的份额。

MAP-21 法案之前，寻求 TIFIA 支持的项目需要由联邦运输部依据 8 个标准进行评估。MAP-21 法案废除了这些标准，允许 TIFIA 为任何一个符合条件的项目提供支持。其中一个最关键的条件是信誉。为了符合条件要求，一个项目的负债能力和借贷人的还款能力，必须要由至少一个国家认定的信用评级机构对其投资信用进行评估。TIFIA 支持也需要产生几个方面的效益：恰当地培养公私合作关系，加速项目的进程，减少联邦补助资金的投入。其他的条件包括：满足规划和环评的要求，在获得支持后的 90 天内能够承包施工。对TIFIA支持的申请联邦运输部全年都可以接受。

四、PPP融资模式

对交通基础设施需求的增长和政府资金投入的不足,导致对私人资本通过PPP(Public-Private Partnership)模式投资交通的需求不断增长。PPP模式可以表现为各种各样的方式,如设计—建设、设计—建设—融资—运营等。拥有或租赁能产生长期稳定且具有中等收益水平的资产,对私人资本具有相当的吸引力。在PPP模式中第一个P即"Public",是指州政府、地方政府或交通管理机构。然而,联邦政府对PPP模式的影响,是通过联邦的交通项目、资金和监管。

1. 实现私人融资

PPP模式因涉及私人资本,通常需要一个可预期的项目收入,如车辆收费、集装箱收费、交通站点建筑物租金。私人资本投资,可以是租赁现有的资产(如印第安纳州的收费公路、芝加哥的航线),也可以是投资建设一项可产生收入的新资产。无论哪种方式,资产的使用者付费通常是吸引私人资本的关键因素。

在某些情况下,私人资本投资是基于政府能够给予可靠的支付保证(通过谈判能力和运营标准确定)。如佛罗里达州附近的595号州际公路改扩建项目,由私人部门设计、建设、融资、管理和维护35年,该州的交通运输部门提供支付保证。新建高速车道的收费标准由交通部门制定,收费收入由州政府保管。

对私人资本而言,收费公路项目是特别具有吸引力的资产。据称,有两个因素能使PPP模式更具吸引力。

(1)私人部门管理的收费公路项目既能进行债权融资,也能实现股权融资。因为股权投资者和传统的市政债券投资者相比,更具有风险承担能力,所以私人部门的特许经营期限、通常比传统的市政债的期限要长,能达到25年、30年或40年。由于有长期有保证的收入,特许经营者会进行额外的投资。如在政府管理下，芝加哥航线最多能实现 8 亿美元的市政债融资，而进行了 99 年期的特许经营后，却实现了 18.3 亿美元的融资。

(2)收费设施由私人部门管理会更加有效，因为收费标准能够根据成本和需求确定。由于政治上的压力，政府机构通常很难提高收费，这不仅减少了收入，也降低了政府借贷投资的能力。如果出借人认为费率的制定主要是基于商业考虑，则私人部门将更能实现融资。私人管理者通常不能随意调整收费，因为费率的调整通常需要在租赁协议框架下进行。然而，私人部门的支持者认为，长期收费公路项目的特许经营，不能简单地认为是政府机构的私人部门的变形，应该是一项美国公路筹资的重要创新。

据称，有成百上千亿的私人资本愿意投资交通基础设施。然而直到今天，私人部门对公路交通的投资与政府投资相比，依然是适度的。一项研究表明，从 1989 年到 2011 年初，美国有 96 个交通 PPP 项目总投资 543 亿美元，其中有 11 个项目(总投资 124 亿美元)包含私人资本的成分。

私人资本投资的快速增长是可能的。在这一点上，TIFIA 项目资金的七倍增长将会对其产生一定的不利影响。但许多障碍依然存在，主要包括：州和地方政府可取得免税的筹资，政治上反对收费和私有化，以及跟项目有关的一些困难。总体来说，私人资本要实现未来全国公路交通项目 7% ~9% 的投资是不现实的。通过 PPP 模式实现私人资本的投资，当然也应该是对传统政府筹资的一个补充而不是替代。

州和地方政府在各领域都需要资金，因此无法保证交通 PPP 项目产生的收入能够再用到交通项目上，特别是资产租赁作为一种机制、能够为社会各领域或其他政府机构提供大量的收入，政府问责委员会的一项研究证明了这一点。此外，政府问责委员会注意到还存在一种替代效应，特别是在 1998 至 2002 年，联邦投资支出增加 40%，而州和地方政府的支出却减少了 4%。这表明，通过 PPP 模式对交通越高的私人投资，将会减少州和地方政府的投资支出。

以上所担心的事情终于在芝加哥航线项目上发生了。一些租赁收入被用到了非交通项目上。但芝加哥市争辩说，他们建立的一个储备金产生的利息收入能与公路收费收入相当,而并不是航线额外的收费收入先前被用于了城市的一般预算。政府问责办公室认为,当他们用租赁收入偿还了政府一般性债务,而使城市信用等级提升,因此减少了未来的借贷成本。然而,这种可能性将会继续存在,如果租赁资产的收入被用于非交通项目,未来的设施使用者将面对更高的收费。

有关收费公路私有化的讨论都会面对一个问题,即当联邦投资建设的项目资产打算出租时,要归还联邦的原始投资。在印第安纳州收费公路和芝加哥航线出租给私人投资者时,不存在这一问题,因为这些设施建设时没有用联邦资金。但许多现存的收费设施建设时是用了联邦资金的。在一定环境下,国会可能会放弃归还的规定,但需要严格的监管以保证私有化不会给私人部门带来意外之财。

2. PPP 模式的其他效益

除了能够吸引私人资本投资外,PPP 模式至少还能为公路交通基础设施产生两个方面的效益。

(1)PPP 模式能在建设、维护和运营等方面提升管理效率和创新,即能够在同等定价下提供更多的基础设施服务。私人公司可能更重视全生命周期的投资成本,而政府机构的决策经常受困于短期的预算周期。在新泽西州的哈德逊—卑尔根轻轨项目中,通过订立“设计—建设—管理—维护”合约,相对于许多传统的“设计—投标—建设”方式,联邦运输部估计节约了 30%(约 3.45 亿美元)的成本。这种成本节约可能不是物质的,如可能节省政府部门大量的时间去采购、监督、解决矛盾纠纷和法律诉讼。例如:加利福尼亚州交通部门花费了大量的成本处理与私人部门的纠纷。此外,政府问责办公室认为,大部分的州和地方政府缺乏管理 PPP 合同的能力。

(2)PPP 模式能将建设、维护以及管理过程中的财务风险转移给私人投资者,进而减少政府的成本。这些风险包括:建设期延误、不可预期的高维护成本、低于预期的需求。但也有一个危险,就是这种风险转移可能是无效的,如果主要的误估迫使政府重新进行合同谈判或提供财务担保。并且,正像政府问责办公室指出的那样,并不是所有的风险都能够或应该转移给私人部门,如私人投资者不愿意接受由于环评批准程序的延误而带来的建设成本增加的风险。

五、创建国家基础设施银行

针对创建国家基础设施银行,国会考虑过几个建议。其中三个主要的建议是:国家基础设施开发银行方案、美国基础设施投资基金方案和美国合作伙伴关系建立方案。

1. 三种建议方案

美国合作伙伴关系建立方案。建议以全资国有公司的形式创建美国基础设施基金。基金需要注资500亿美元用来缴回在国外获得的利润。缴回利润的公司如果将一定的利润投资到50年期的债券,将享受1%的税收优惠。交通基础设施将是能从基金中获取支持的部门之一,其他的包括能源、水利、电信和教育。像其他许多建议一样,基金将允许对符合条件的项目授权贷款、贷款担保。此外,基金也允许进行股权融资,但最高只能占项目投资成本的20%。

(1)**美国基础设施投资基金方案。**建议创建美国基础设施投资基金,作为联邦运输部的一个组成部分。只有交通项目才有条件获得资金支持,并且资金支持仅限于贷款和贷款担保。但创建基金,需要在2013年和2014年授权50亿美元的财政拨款。

(2)**国家基础设施开发银行方案。**建议以全资国有公司的形式创建国家基础设施开发银行。银行被授权资助交通、能源、环境和电信基础设施项目。除提供贷款和贷款担保外,还可以为发行一种新型纳税债(美国基础设施债券)提供贴息。美国基础设施债券由符合条件的基础设施项目发起人发行,债券持有者缴纳的联邦税计入国家基础设施开发银行账户,为其他符合条件的基础设施项目提供资金支持。

基础设施银行对贷款项目(如TIFIA项目)的一个传说中的好处是,在具体操作中有更多的独立性和专业性。此外,基础设施银行(与TIFIA项目相比)建立了更为宽泛的基础设施项目支持,如水利、能源和电信基础设施。此做法的支持者,希望能从各领域选择最好的项目,至少也是在财务上最可行的项目。

在许多构想中,基础设施银行的资本金应来源于财政拨款。但其他方面的资金,应该通过授权发债的方式获得,如通过发行非免税债吸收私人资本。基础设施银行可能减少项目投资中的联邦份额,而更多地依赖非联邦资金和基础设施使用者的缴费。

大部分有关基础设施银行的建议,都假定银行能够通过对高收益项目的投资提升公共资源的配置,而不管基础设施的类型是什么。然而,用高收益选择项目与国会的愿望相矛盾。在极端情况下,许多交通基础设项目可能不会获得支持,如果银行为具有高收益的水利或能源项目用尽了贷款授权。

现存的一些像 TIFIA、污水处理基金等项目可能会对基础设施银行作用的发挥产生一定的影响。基础设施银行可能并不以最低投资成本的方式增加对基础设施的支出。国会预算办公室曾经指出,一个能自行发债的特殊实体不可能实现发债的利率与国债的利率相当。有一些构想认为,国家基础设施银行可能会把不履行承诺的风险转嫁给联邦政府;同时认为,没有必要通过创建国家基础设施银行的方式,将州和地方层面的授权集中到联邦层面,相反应该提升州基础设施银行的经营管理。

2. 国家基础设施创新和融资基金

在 2010 年的预算申请中,包含了创建基础设施银行的 50 亿美元的预算申请,随后奥巴马政府放弃了这一想法。在 2011 年的预算中,政府为创建国家基础设施创新和融资基金提出了 40 亿美元的预算申请。政府预见这 40 亿美元仅是首期投入,而最终将需要 250 亿美元的投入。基金将被作为联邦运输部的执行单位而存在,将提供贷款和为撬动非联邦资金(包括私人资本)提供补助。基金通过一种类型的价值分析,选择国家和区域重点项目。在 2012 年的预算申请中,政府又建议创建一个 50 亿美元的基础设施银行。国会拨款委员会反对基金的想法,结果无论是基金还是基础设施银行均未获得批准。

六、提升州基础设施银行

作为创建国家基础设施银行或基金的替代做法，建议提升现有的州基础设施银行。大部分州基础设施银行是依据1995年陆路运输法建立的。最近的一项调查显示，在2012年已经有32个州建立了联邦授权的州基础设施银行，其中有几个州（加利福尼亚、佛罗里达、佐治亚、堪萨斯、俄亥俄州和弗吉尼亚）的基础设施银行与联邦项目并无关联。地方政府也开始接受这一理念，如芝加哥市建立了一个非营利组织（芝加哥市基础设施信托基金），作为吸引私人投资的手段。另一个例子是，宾夕法尼亚州的多芬郡建立了一个基础设施银行，为其境内的40个市政和私人投资项目提供贷款，而贷款资金的来源是州燃油税。

阻碍州基础设施银行发展的最大障碍是资本金问题。这是因为能用于银行资本金的联邦补助资金被承诺给了别处。因为这个原因，一个建议是提供联邦资金给各州特别是各州的基础设施银行。如在MAP-21法案颁布前，有建议提出每年为州基础设施银行提供7.5亿美元的资金支持。另一个建议是授权给州基础设施银行发行一种税收信用债券。但这两个建议均未被采纳。

第三章　美国收费公路的发展与现行政策

一、美国收费公路的发展历史

(1)**最初的公路。**早期来到美国的殖民者发现他们到了一个草木丛生、川流交错的荒野。在这片荒野上布满了水牛迁徙、印第安人狩猎留下的足迹和小径，弯曲而又狭窄。后来由于殖民者需要使用骡马和运输武器，小径被拓宽和变直，这就是美国最初的公路。

(2)**早期的收费公路。**美国独立战争后，联合政府意识到西部开发和发展贸易对新国家的重要性。由此开始了公路大建设、大发展的时代。这一时期以收费公路公司的发展为标志。1792 年美国第一条收费公路开始建设，即著名的宾夕法尼亚州费城至兰开斯特收费公路，也是美国第一条由碎石铺设的公路。在收费公路发展的高潮时期，康涅狄格州有 50 多家收费公路公司，纽约州有 67 家，其他的分布在马萨诸塞州等地区。其中著名的波士顿至纽伯里波特收费公路，全长 32 英里，建设成本为 1.25 万美元/英里。

(3)**联邦支持公路发展。**随着社会经济的发展，对改善公路条件的需求不断增长。1806 年，联邦政府通过立法批准为国家公路建设提供资金支持。联邦政策支持的典型项目：著名的坎伯兰公路，从马里兰到宾夕法尼亚，跨越坎伯兰山脉，穿过俄亥俄河。在此时期，公路为国家社会经济发展提供了有力支撑。然而，随着重武器的运输和全国范围内的人员大量流动，公路需求紧张的状况又开始显现，并且由于当时的公路均为碎石铺设，凹凸不平、雨季泥泞不堪。

到 19 世纪 80 年代，随着人们对自行车使用的增多，由全国自行车俱乐部发起了一场“好路运动”(“Good Roads Movement”)。此外，随着汽车的出现,对改善公路条件的呼声不断提高。为适应这一发展趋势,联邦政府于1893年成立了公路调查办公室(the Office of Road Inquiry),主要负责数据收集、掌握需求以及为改善公路条件提供支持。后来,该机构协助为公路建设筹资,即联邦投资公路的开端。不久,就形成了联邦、州和地方政府共同出资建设的局面,有力地促进了当时美国公路的快速发展。

(4)**一战后的收费公路发展**。第一次世界大战使人们认识到公路的重要作用,特别是在制造业中心地区。1921年美国国会颁布了《联邦公路法案》,批准联邦为各州的公路建设提供资金支持。同时,也意识到有必要对全国范围内公路系统进行有效连接。到20世纪20年代末,超过一半的美国家庭拥有了汽车,特别像纽约、波士顿、洛杉矶和旧金山等大城市,对公路、桥梁、隧道的需求非常大。因此,通过征收通行费筹资的做法应用到了很多公路建设项目上。如:纽约市的荷兰隧道收费项目在20世纪20年代中期竣工通车,打通了通往纽约市中心的路线,被称为“世界第八大奇迹”。20世纪30年代旧金山市建设的金门大桥收费项目,为跨越海湾进入旧金山市打开了通路。

(5)**第二次世界大战后高等级收费公路的发展**。第二次世界大战使人们对公路的重要作用有了新的认识,即公路系统具有的重要国防作用。第二次世界大战结束后,美国城市郊区的汽车使用量不断增加,汽车使用不仅包括工作出行,还包括社会活动和休闲度假。第二次世界大战结束后不久,一些州认识到需要建设高等级的公路系统。宾夕法尼亚州首先成功地建设了高等级收费公路。在1945至1955年的十年中,许多州(主要是美国北部和东部地区)开始建设辖区内的大通道公路收费项目。

(6)**收费筹资机制叫停**。早在第一次世界大战初期,联邦政府出于军事的需要,就开始研究了建设横跨全国的高等级公路的可行性问题。高等级公路建设的资金来源,一种选择就是征收通行费。然而,1956年国会颁布的《联邦资助公路法案》,采用的却是通过税收制度而不是收费机制,为州际公路建设筹集资金。随后有关公路收费的建议均被叫停了。1963年启动了法案颁布前规划的最后一批收费公路项目。

(7)**收费理念的重新提出**。到20世纪80年代,经过一段时期的大量使用,国家公路系统显现出老化的迹象。社会公众开始担忧,美国在公路建设和维护方面是否已经落后了,并提出了几种看法:一是认为车辆购买和使用的大量增加造成的;二是认为政府根本就没有足够的资金用来维护公路,因为政府不能持续增加税收;三是认为公路项目到了设计寿命末期而自然损坏的,因为公路建设的高峰期是在1960年至1980年间。这些担忧,是重新提出公路收费理念的一个重要原因。

再次提出收费理念的另一个原因是:识别车辆身份、记录和存储车辆信息的电子技术得到广泛应用,并且这种技术能够支撑公路收费的有效实施。电子收费(ETC)能够大大降低公路收费的管理成本。而且,ETC不需要停车,能够避免收费亭收费方式带来的排队拥堵,进而减少车辆的运行成本,直接使社会公众受益。社会公众对ETC(具有便捷、准确、公平、保护隐私等特点)的熟悉和接受,非常有可能在不远的将来,使收费方式再次更广泛地应用到公路项目中。当然,技术应用也需要成本,如在增加各种技术之间的兼容性方面还有许多工作要做。但困难终将能被克服。

此外,收费的理念也正在从其他角度被提出。如某些社会群体提出,现行由政府部门提供的产品和服务,也能由私人部门提供,并且更有效率。目前,公路基础设施被认为是私人资本愿意投资的领域,如果能够通过收费提供投资补偿。随着私人资本投资公路的政策环境逐渐宽松,一些大型工程建设管理企业认为:一个潜在的公路建设市场是存在的,只是尚未得到有效开发。现行政策准许各州将工程设计或工程建设承包给私人部门完成,对联邦投资项目,则需要满足一定的条件。然而,一些私人企业提出他们愿意以更有效率的方式(如同步设计与施工)投资整个项目。此外,一些私人企业认为他们投资、建设、运营整体项目的时代已经到来了。

这类社会群体似乎是建议,公私合作将是未来国家公路系统建设运营的一个重要筹资手段。PPP模式作为一种有关公路设施筹资、建设、运营、维护的协议关系,将是未来公私合作的一个不错选择。私人资本能够在多大程度上成为公路投资的主力军,取决于公私合作清除现行制度障碍的能力。

二、美国收费公路的发展现状

美国公路按功能可划分为干线公路(Arterial)、集散公路(Collector)和地方公路(Local)三类,每类公路又可细分为主要公路和次要公路。按地理区域可划分为农村地区公路和城市地区公路,各自按功能可再细分为干线公路、集散公路和地方公路。

1. 公路网状况

2013 年,美国农村地区公路里程为 479.4 万千米,其中:主干线公路 20.3万千米(包括州际公路、其他高速公路、其他主干线公路),次干线公路 21.7 万千米,集散公路 109.6 万千米,地方公路 327.7 万千米。城市地区公路里程为 179.1 万千米,其中:主干线公路 15.1 万千米(包括州际公路、其他高速公路、其他主干线公路),次干线公路 17.4 万千米,集散公路 19.2 万千米,地方公路 127.4 万千米。

国家公路网在美国全国公路网中发挥着主骨架作用,对于国家经济社会发展、国防安全和机动性具有重要意义。国家公路网包括州际公路、国防公路、干线公路等,总里程约 25.9 万千米。州际公路系统作为国家公路网的核心组成,到 2013 年总里程达到 7.63 万千米,其中:农村地区 4.91 万千米,城市地区 2.72 万千米。

2. 收费公路状况

截至 2013 年 1 月 1 日,美国全国共有收费公路项目(含在建项目)383 个、总里程达 5932 英里(9556 千米)。其中:州际系统公路项目 96 个、总里程 3368 英里(5429 千米),州际系统桥梁、隧道项目 34 个、总里程 121 英里(194 千米);非州际系统公路项目 135 个、总里程 2226 英里(3583 千米),非州际系统桥梁、隧道项目 118 个、总里程 217 英里(350 千米)(详见表 3-1)。

截至 2013 年 1 月 1 日,美国全国投入运营的收费项目中,基于行车里程收费的项目 225 个,涉及里程 3623 英里(5840 千米),约占全国总收费公路项目个数的 58%、里程的 65%;基于拥堵定价的项目 47 个,涉及里程 1014

英里(1632 千米),分别占全国收费公路项目个数和里程总数的 12.3% 和 18%(详见表 3-2)。

截至 2013 年 1 月 1 日美国全国收费公路(不含在建项目)里程情况　表 3-1

按功能分类	收费部分		非收费部分		境外部分		总　计	
	英里	千米	英里	千米	英里	千米	英里	千米
农村州际公路	2061.00	3316.86			4.3	6.92	2065.30	3323.78
农村其他高速公路	77.6	124.89					77.6	124.89
农村其他主干线公路	711.51	1145.06	33.31	53.61	2.9	4.67	747.72	1203.34
农村次干线公路	21.39	34.43	20.43	32.88			41.82	67.3
农村主集散公路	10.24	16.48	0.39	0.63			10.63	17.11
农村次集散公路	5.1	8.21			0.1	0.16	5.2	8.37
农村地方公路	48.08	77.38					48.08	77.38
农村地区小计	**2934.92**	**4723.30**	**54.13**	**87.11**	**7.3**	**11.75**	**2996.35**	**4822.16**
城市州际公路	1351.73	2175.40	68.9	110.88	2.5	4.02	1423.13	2290.31
城市其他高速公路	1196.08	1924.90	33.26	53.53	0.5	0.8	1229.84	1979.24
城市其他主干线公路	180.5	290.49	10.53	16.95	6.23	10.03	197.26	317.46
城市次干线公路	15.81	25.44	1.4	2.25	0.1	0.16	17.31	27.86
城市主集散公路	1.7	2.74			0.8	1.29	2.5	4.02
城市次集散公路	2.5	4.02					2.5	4.02
城市地方公路	11.3	18.19			0.47	0.76	11.77	18.94
城市地区小计	**2759.62**	**4441.18**	**114.09**	**183.61**	**10.6**	**17.06**	**2884.31**	**4641.85**
总计	**5694.54**	**9164.48**	**168.22**	**270.72**	**17.9**	**28.81**	**5880.66**	**9464.00**
国家公路网								
农村地区公路	2845.52	4579.42	35.31	56.83	6.7	10.78	2887.53	4647.03
城市地区公路	2572.18	4139.52	85.2	137.12	10.11	16.27	2667.49	4292.91
总计	**5417.70**	**8718.94**	**120.51**	**193.94**	**16.81**	**27.05**	**5555.02**	**8939.94**

截至 2013 年 1 月 1 日美国全国收费公路(已建成)收费类型情况　表 3-2

项目类型		收费类型	项目数量	英里	千米
州际公路	公路项目	基于行车里程收费	32	1732.98	2797.96
		拥堵定价收费	25	660.80	1063.46
	桥梁、隧道项目	基于行车里程收费	24	97.44	156.81
		拥堵定价收费	4	6.90	11.10

续上表

<table>
<tr><th colspan="2">项 目 类 型</th><th>收 费 类 型</th><th>项 目 数 量</th><th>英　里</th><th>千　米</th></tr>
<tr><td rowspan="4">非洲际公路</td><td rowspan="2">公路项目</td><td>基于行车里程收费</td><td>78</td><td>1607.67</td><td>2587.31</td></tr>
<tr><td>拥堵定价收费</td><td>14</td><td>338.68</td><td>545.05</td></tr>
<tr><td rowspan="2">桥梁、隧道项目</td><td>基于行车里程收费</td><td>91</td><td>184.88</td><td>297.53</td></tr>
<tr><td>拥堵定价收费</td><td>4</td><td>7.44</td><td>11.98</td></tr>
<tr><td colspan="2" rowspan="3">合计</td><td>基于行车里程收费</td><td>225</td><td>3622.97</td><td>5839.61</td></tr>
<tr><td>拥堵定价收费</td><td>47</td><td>1013.82</td><td>1631.60</td></tr>
<tr><td>总计</td><td>272</td><td>4636.79</td><td>7471.21</td></tr>
</table>

此外，表3-3列出了2003至2013年美国全国收费公路、桥梁、隧道项目的里程发展和变化情况。

2003～2013年美国全国收费项目里程的发展和变化情况　　表3-3

<table>
<tr><th rowspan="2">年　份</th><th colspan="2">桥梁和隧道项目(英里)</th><th colspan="2">公路项目(英里)</th></tr>
<tr><th>州际公路</th><th>非州际公路</th><th>州际公路</th><th>非州际公路</th></tr>
<tr><td>2003</td><td>108.14</td><td>217.89</td><td>2814.30</td><td>1907.53</td></tr>
<tr><td>2005</td><td>106.24</td><td>217.37</td><td>2795.30</td><td>1834.62</td></tr>
<tr><td>2007</td><td>106.24</td><td>182.61</td><td>2908.46</td><td>1939.07</td></tr>
<tr><td>2009</td><td>106.24</td><td>176.42</td><td>2995.27</td><td>1983.03</td></tr>
<tr><td>2011</td><td>107.44</td><td>178.10</td><td>3087.52</td><td>1991.68</td></tr>
<tr><td>2013</td><td>113.74</td><td>198.57</td><td>3298.99</td><td>2134.84</td></tr>
</table>

三、美国现行收费公路发展政策

1.地方政策和发展模式

美国各州在收费公路政策的制定上，没有统一的模式。但各州的基本政策框架却是相同的，主要包括：建立政府管理机构；明确投资范围、目标和职责；投资实体的合法性；对发债和使用收费收入的批准；对制订和修订收费费率的批准；投资债券的收益能力；行政管理（审计、年报等）；对资金使用的规定；债券持有人的权利和救济；投资实体的资产和债务状况；诉讼权限和地点；管理、维护的相关责任等。

在上述政策框架下,各州已实施了为数不少的收费公路项目。同时,各州在实践中发现:一个收费公路项目能够成功实施,更多地取决于与私人资本的合作情况。此外,随着私人投资和风险承担的不断增加,收费公路项目呈现出私有化的特征。原有的几种典型投资模式,也适应这一发展趋势而发生了显著的变化。

在传统投资模式下,一般公路由州政府投资和所有。收费公路由州政府机构投资、运营和所有,利用通行费收入进行债务融资,如州政府通过发行免税债为项目提供资金或周转金。

在传统模式下,州政府机构虽然没有引入私人资本,但却为收费公路的进一步发展提供了可选择的投资管理结构。以下是投资管理结构的演变情况:

(1)**城市或县级政府管理模式**。地方政府通过地方税和债券收入,为收费公路(桥梁)项目筹资。项目由地方政府所有,通行费收入由其自行支出。

(2)**地方政府机构管理模式**。这种地方收费管理实体(很像独立的州政府机构)根据州法律创建,在财务上完全独立于地方政府。它们的首要职责是为其管理的项目筹集资金。

(3)**非独立的州政府机构管理模式**。从本质上讲,这种机构只是州交通部门的一个财务上的延伸。该机构负责发债筹资,然后将债券收入和收费公路项目的运营管理,通过租赁协议转让给州政府。从州政府获得的租金用于偿还债务。

(4)**独立的州政府机构管理模式**。州政府机构在财务职责(如收费费率的制定、债务偿还等)上具有自治性,在也在一定程度上受州政府的控制、在发债时受州财经委员会的监管。州政府不为这种机构提供资金支持,机构独立承担债务偿还责任。

(5)**混合公私融资模式**。这种模式通常是在政府的监管下,由地方政府机构为一个完全独立的项目实施的融资。在这种模式下,当项目的收费收入不足时,政府不提供资金补助。

(6)**公私合作模式**。在这种模式下,私人部门负责项目的投资、融资、建设和运营;政府部门负责制定整体协议框架、项目前期投入或征地拆迁。

(7)**完全私人投资模式**。在这种模式下,私人部门提供资本金和承担风险;项目融资通过政府发行纳税债券实现。

2. 联邦政策

根据美国法典(第23卷公路篇)规定,在联邦公路项目中,准许各州或其他政府机构,可以通过征收车辆通行费的方式,为州际公路建设、改扩建、提升使用效率以及节能减排等筹集资金。目前,联邦批准能够收费的项目包括:高速公路示范项目;高乘载车辆设施;州际公路改扩建试点项目;州际公路建设收费试点项目;法律规定的其他项目;拥堵定价试点项目。

(1)**高速公路示范项目**。根据美国《空气清洁法案修正案》(The Clean Air Act Amendments)规定,在空气质量未达标(或保持)地区,选择部分项目通过收费实现节能减排目标。同时,收费也为一些因实现缓解拥堵目标而增加车道的州际公路项目筹资。

联邦运输部准许各州自2009年始,对符合条件的15个示范项目(包括州际公路、桥梁、隧道)进行收费。准许收费的项目要实现下列目标之一:

①采取根据不同时段(或交通状况)采用可变定价的收费方式,管理交通拥堵;

②在空气质量未达标(或保持)地区,减少废气排放;

③为缓解交通拥堵,对新建项目(州际公路、桥梁、隧道及其他设施)或现有项目的改扩建进行筹资。

合格的示范项目包括:

①为实现节能减排,高乘载收费车道必须采取可变定价方式,非高承载收费车道可选择可变定价方式;

②乘载2人以下车辆可驶入实施可变定价的高乘载收费车道;

③实施不停车收费的高速公路车道;

④通行费收入必须用于债务偿还、私人资本的合理回报、养护和管理支出以及法律规定的其他用途。

(2)**高乘载车辆设施**。2005年开始实施的SAFETEA-LU法案,进一步完善了有关高乘载车辆设施管理规定，允许各州建设高乘载收费车道，特别是允许各州对不符合乘载规定的车辆驶入高乘载车道时进行收费。高乘载收费车道的建设，既适用于州际公路项目、也适用于非州际公路项目，同时对项目的数量和州的数量均没有限制。如果各州要想在高乘载车道上对高乘载车辆实施适度收费，则必须要经过联邦的批准。

(3)**州际公路改扩建试点项目。**SAFETEA-LU 法案延续了 TEA-21 法案的最初做法，允许最多对三个州际公路改扩建项目(包括桥梁、隧道)，通过征收通行费的方式筹资，弥补现有资金的不足。这三个项目必须分属不同的州，且没有其他资金来源。

(4)**州际公路建设收费试点项目。**与改扩建试点项目一样，SAFETEA-LU 法案允许通过征收通行费的方式，为最多三个州际公路新建项目筹资。每一个项目可能有众多的州提出申请，但每个提出申请的州必须要论证收费融资是建设此项目最有效率而且是最节约成本的方式。获批的州不能与私人投资者签订非竞争协议，即不能通过协议阻止政府扩充收费项目周边公路的通行能力、以此阻止交通量从收费项目向周边公路转移。

(5)**法律规定的其他项目。**除上述项目可收费以外，美国法典(第 23 卷 129 节)规定，可在下述三类项目中实施收费：

①州际公路之外的原本收费的项目(包括公路、桥梁、隧道)及其连接线；

②现有收费项目的改扩建、路面铺装等；

③免费的公路、桥梁、隧道(州际公路除外)经改扩建后转变成收费项目。

如果联邦的资金用于收费项目的建设或者州计划将原有联邦资金投入的免费项目、通过改扩建而转变为收费项目，则必须按法律规定签署收费协议。法律对收费协议的数量没有限制。

(6)**拥堵定价试点项目。**最初是由 ISTEA 法案(1991 年)创立的。SAFETEA-LU 法案(2005 年)对该项目进行修订和完善，并鼓励通过拥堵定价机制缓解交通拥堵状况。这是唯一一个联邦提供资金支持的有关收费工程的研究和应用项目。拥堵定价项目由联邦公路局与各州商定设置了 15 个试点,目前已经运行的试点项目有 14 个。每个试点涉及的州都安排了多个工程项目参加试点工作。

SAFETEA-LU 法案在 2005 至 2009 年的五年中,共安排了 5900 万美元用于拥堵定价试点项目。2005 年安排了 1100 万美元,其他年份每年为 1200 万美元。目前,拥堵定价的理念已经被广泛接受和采用,而对其他的一些探索(如高乘载车道向高乘载收费车道的转换),联邦没有提供资金支持。

第四章　日本公路投资管理体制

第二次世界大战后，日本集中力量发展煤、电、钢铁等基础工业，但当时公路基础设施相当薄弱，成为制约工业化发展的瓶颈问题。为加快公路发展，日本政府于1953年立法实施公路发展五年规划，明确建设省（后更名为国土交通省）为公路行政管理机构，负责全国公路网络的规划与实施。1954年第一个公路发展五年规划正式启动，标志着日本公路网络建设正式起步。为稳步推进公路网络建设，急需大规模稳定的资金来源。日本政府认为，尽管公路是一种公共产品，但使用者受益程度不尽相同，为公平起见，使用公路频率较高、收益多且对公路产生一定破坏的使用者，理应承担较高费用。支付费用有两种方式：一是向汽车使用者征税，二是向公路使用者收取通行费。

一、设立道路特定财源用于普通公路建设

1. 道路特定财源制度发展及演变

日本设立道路特定财源用于公路建设，主要基于三个原则：

（1）受益原则，由受益者支付费用（税收），受益程度越高，支付税收就越多；

（2）资金专属原则，与汽车有关的税收全部用于公路建设与维护，不得挪作他用；

（3）稳健原则，专项税收应保持相对稳妥，不受国家整体财政状况影响。

1953年日本政府颁布法案，设立道路特定财源制度，对汽车使用者征税作为公路建设与维护专项资金。1954年，随着第一个公路发展五年规划实施，开征汽油税，1956年开征柴油交易税，1966年开征液化石油气税。以上税种按照受益原则征收，征收收入与汽车行驶距离成正比。随后，1968年开

征车辆购置税，1971 年开征汽车吨位税。所有这些关于汽车的税种，涉及购买、保有和使用环节，使用阶段征收挥发油税、地方道路税、石油天然气税、柴油交易税，保有阶段征收汽车重量税，购买阶段征收汽车购置税，这些税金全部被转移至一个专用账户，作为公路建设和维护专项税收。税率根据公路工程造价进行适当调整。这些和汽车相关的税种中，挥发油税、地方道路税、石油天然气税、汽车重量税是国税。柴油交易税、汽车购置税是都道府县税（见表 4-1）。

日本汽车税制结构

表 4-1

征税阶段	税种	国税/地方税	对象	用途	税率税额	法定
购买阶段	消费税	国税	对汽车价格征税	一般财源	5%	—
	汽车购置税	都道府县税	以购买价为基准课税（50 万日元以下免税）	道路特定财源（地方）	私家车 5% 营业用车；轻型汽车 3%（暂定）	3%
保有阶段	汽车重量税	国税	车检时根据车重征税	道路特定财源（中央）	以私家车为例（年额，暂定）；乘用车 6300 日元	2500 日元
	汽车税	都道府县税	每年 4 月 1 日对车主定额征税	一般财源	以私家轿车为例（年额）34500 日元，1001～1500mL	—
	轻汽车税	市町村税	每年 4 月 1 日对车主定额征税	一般财源	以私家轿车为例（年额）；四轮乘用车 7200 日元	—
使用阶段	挥发油税	国税	对汽油课税	道路特定财源（中央）	（暂定）汽油 48.6 日元/升	24.3 日元
	地方道路税			道路特定财源（地方）	（暂定）汽油 5.2 日元/L	4.4 日元
	柴油交易税	都道府县税	对柴油课税	道路特定财源（地方）	（暂定）32.1 日元/L	15 日元
	石油天然气税	国税	对 LP 天然气课税	道路特定财源（中央 1/2，地方 1/2）	石油天然气 17.5 日元/kg	—
	消费税	国税	对燃料价格课税	一般财源	燃料购买价格的 5%	—

(1)**汽车购置税**。汽车购置税作为地方道路财源于1968年创设,是在汽车消费者购买汽车时向其征收的占汽车价格一定比例税金的一种流转税,属于都道府县税,是专用于地方道路建设的目的税。汽车购置税的课税对象为汽车及轻汽车。课税标准是汽车价格,营业用车及轻汽车税率是3%,私家车是5%。根据新车和旧车的不同,税率也不同。同样是二手车,根据车年限不同税率也不同。

从环境角度出发实施的特例措施有:1999年,设立低油耗车特例措施,2009年实行环保汽车减税等。由于这些特例措施的实施,税收减少,2008年汽车购置税额为4024亿日元,2009年降至2310亿日元,2010年进一步降至2286亿日元。

(2)**汽车税**。汽车税是具有财产性质和道路损伤负担金性质的税收。税率区分的指标是总排气量(载客车)、最大载重量(载货车)等。是一种对汽车的保有进行的征税,每年定额征收。

2001年开始引入绿色特例税制,分重课税和轻课税形式。2010年该税收入为1.6万亿日元,是都道府县的主要税目。近年来随着汽车登记台数的减少及汽车小型化趋势的发展,税收总额有减少趋势。

(3)**轻汽车税**。轻汽车税于1958年设立,征税对象为轻汽车及两轮小型汽车,是市町村的法定普通税。轻汽车税和汽车税一样,具有财产税性质和道路损伤负担金性质,是在汽车保有阶段征收的税,每年定额征收。

2010年轻汽车税税收约1800亿日元,由于四轮汽车数量不断增加,税收有逐年上升的倾向。特别是农村保有轻汽车的台数比城市多,是重要的税源之一。

(4)**汽车重量税**。汽车重量税是通过车检确认车可以使用时对汽车所有者征收的税,车检时征收。车的重量为课税标准,具有道路损伤负担金性质。根据车种不同,税率不同。

2010年该税的税收额为7500亿日元,其中1/3(2010年以后暂定为407/1000)作为让与税转移支付给市町村。

随着日本公路网络的逐步完善,日本国内也有观点认为,应逐步削减对公路的投资。日本经济自20世纪90年代后一直处于低迷期,伴随国家整体财政状况的恶化,日本财政大臣试图取消公路建设维护税收的专项资金属性,将公路建设维护专项资金纳入一般财政预算。此举遭到地方政府及汽车用户反对,认为这一转变违背了受益原则,而且公路建设尚未完成,有必要通过专项税收用于公路建设,但从2006年开始专项税收超过公路投资预算的部分转化为一般财政收入。

2008年,全球金融危机给日本经济造成巨大影响,逐年减少的汽车销量加剧了日本国内市场的严峻形势,此外,世界范围内汽车市场的低迷也给国内生产汽车有半数出口的日本汽车产业以严重打击。在严峻的财政形势下,日本政府为了扶持汽车行业,维持就业,采取一系列减税措施对汽车税制进行简化,以达到减少汽车保有及周边成本负担,唤起国内需求的目的,相关调整主要有:

(1)**汽车购置税**。2009年,随着道路一般财源化改革,由目的税改为普通税,不再限制其使用用途;2010年,废止现行的10年暂定税率,目前维持现在的税率水平(私家车5%,营业用车或轻型汽车3%)。

(2)**柴油交易税**。2009年,由目的税改为普通税,不再限制其使用用途;2010年,废止现行的10年暂定税率,目前维持现在得税率水平。

(3)**地方挥发油让与税**[1]。2009年,将地方道路让与税名称改为地方挥发油让与税,不再限制其用途。

(4)**石油天然气让与税**。2009年,不再限制其使用用途。

(5)**汽车重量让与税**。2009年,不在限制其使用用途;2010年,汽车重量让与税的让与比例提高,由1/3提高至407/1000。

金融危机后,日本对环保车型实施减税和补贴政策以刺激经济复苏。为刺激经济及保护环境,日本政府对汽车购置税和汽车重量税的税收政策做了调整,鼓励节能环保型汽车的消费和使用,减少汽车对环境的污染。2009年,

[1]地方让与税:由于征税方便性等技术原因和消除税源的地区偏差,将本来应该属于地方的税源作为国税收入国库以后,再返还地方政府的一种资金。地方道路税、石油天然气税、航空燃料税、自行车重量税均属于地方让与税。

对环保汽车实施减免汽车购置税和汽车重量税的特例措施。对尾气排放少、低油耗的电动汽车、天然气汽车、插电式混合动力汽车、柴油汽车、混合动力汽车、低油耗低排放认证汽车等环保汽车分别实施50%、75%甚至免税的特例措施。对环保汽车实施减税后,新车销量得到回升,对应对金融危机和扩大内需起到一定效果。

2. 道路特定财源在道路建设资金中的比重

2005年,日本中央用于道路建设投资资金的95.6%由汽车用户负担,来自缴纳的和汽车有关的各项税收(道路目的税部分),约37000亿日元,如图4-1所示;地方用于道路建设投资资金的84.8%由汽车用户负担,来自缴纳的和汽车有关的各项税收(道路目的税部分),约49000亿日元,如图4-2所示。

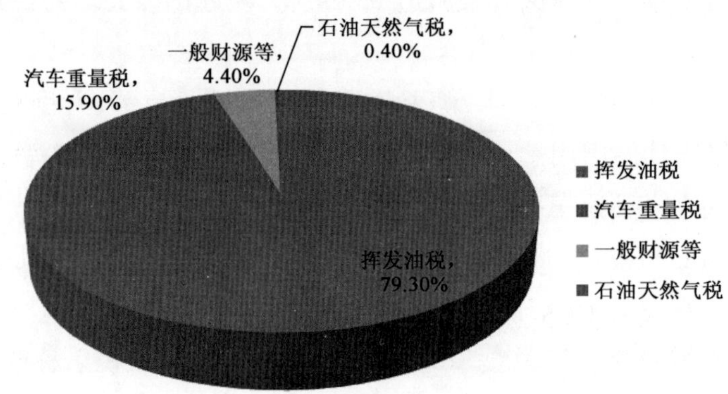

图4-1 2005年日本中央投入的道路建设资金比例

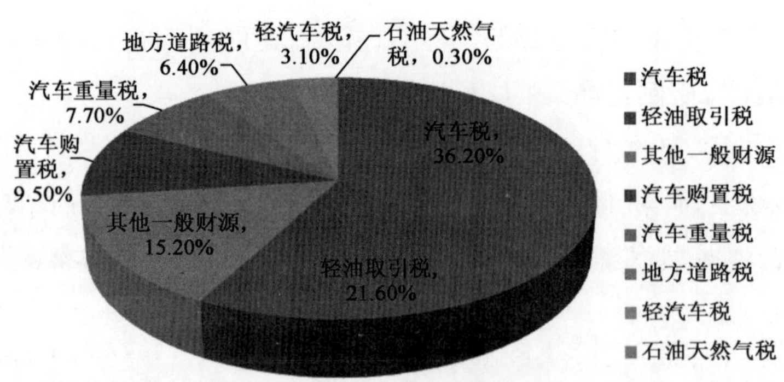

图4-2 2005年日本地方投入的道路建设资金比例

3. 日本汽车相关税收占全部税收的比重

与汽车有关税收在日本财政收入中占有重要地位。汽车用户交纳税收占政府全部税收的10%以上，与固定资产税（征税对象：日本全国的土地、房屋、机械设备等）税额相当。根据2011年年度预算，2011年日本全国税收总额为77万亿日元，汽车用户所承担的与汽车有关的税金金额为77744亿日元，占税收总额的10.1%。

日本地方汽车税收在全部汽车税收中占有较大比重，如表4-2所示，2010年，与汽车有关的税收共达到65122亿日元，其中地方税收（含让与税）达34722亿日元，约占汽车相关税收总额的53.3%。

2010年日本中央和地方汽车有关税收金额（单位：亿日元）　　表4-2

国税/地方税	税　种	税收金额
国税	挥发油税	25760
	石油天然气税	120
	汽车重量税	4470
	合计	30350
地方税	地方挥发油让与税	2777
	石油天然气让与税	123
	汽车重量让与税	3090
	汽车购置税	2286
	柴油交易税	8432
	汽车税	16272
	轻汽车税	1792
	合计	34772
合计		65122

4. 日本道路财源的分配

不管是中央还是地方政府，日本道路财政资金都来自道路特定财源及其他一般财源。道路特定财源的对象不是收费道路，而是一般道路。道路特定财源专款专用，以其收入充作交通建设费用的一部分或大部分。由于公路是社会的公共设施之一，是为全社会服务的，日本中央和地方政府也在其他税收中给公路建设提供了部分一般财源资金。道路特定财源经过复杂的分配过程后流向各个财政主体。

国税分给中央和地方政府,地方政府间进行再分配。都道府县税分配给都道府县自身和指定市、市町村。被转移的税收叫做让与税,让与税转移后,中央对地方的道路事业补助时,支付给补助金,即国库支出金。让与税可以运用于一般性的道路投资。国库支出金只针对个别补助项目,专款专用。日本汽车相关税收从中央到地方的分配过程如下:

挥发油税的3/4一旦经由一般账户转入道路建设特别账户,剩下的1/4直接进入道路建设特别账户,地方道路税全额直接进入交付税及让与税配付特别账户,汽车重量税收的1/3直接进入交付税及让与税配付特别账户,剩下的2/3经一般账户将其80%的资金转入道路建设特别账户,石油天然气税的1/2直接进入交付税及让与税配付特别账户,剩下的1/2经一般账户转入道路建设特别账户。

进入交付税及让与税配付特别账户的道路特定财源分配给各个地方政府,和国库支出金不同,是地方政府可以用于道路投资的一般性财源,不是针对某个具体的补助项目。

石油天然气税作为石油天然气让与税分配给都道府县及指定市,是道路特定财源。让与额的一半根据一般国道、都道府县道的延长分配,另外一半根据面积分配。

汽车重量税作为汽车重量让与税分配给市町村,成为道路特定财源。让与额的一半根据市町村道的延长分配,剩下的一半根据面积分配。

挥发油税的1/4直接进入道路建设特别账户,这是作为地方道路建设临时交付金分配给地方的,是对地方自主计划的道路建设项目进行一揽子交付的资金。

地方税(都道府县税)由都道府县自己征收,因此在都道府县之间的分配不存在问题,但是向指定市和市町村分配时有问题。柴油交易税全额算作都道府县及市町村的特定财源。汽车取得税的30%分配给都道府县及指定市,70%分配给市町村。

二、实行收费公路政策支持高等级公路发展

在日本，仅靠专项税收无法满足公路建设发展需要，特别在公路建设快速发展期尤其如此。1952 年日本政府颁布《高等级公路建设特别法案》，决定针对国家高速公路及部分地方公路建立收费制度，作为筹集高等级公路建设资金的一种方式，主要用于弥补资金缺口、运营成本和偿还相关债务。

1. 道路公团建设管理收费公路

1952 年，日本政府颁布了《公路建设特别措施法》，允许利用财政资金和贷款修建道路，然后通过收费收入偿还贷款。收费公路发展初期，日本政府机构直接承担收费公路的建设任务，但由于项目的建设缺少整体规划和配合，收费公路的发展一度十分混乱。在日本道路委员会的建议下，1956 年 4 月，国有日本道路公团正式成立，全面负责收费公路发展计划的实施，原由交通省和各地政府管理的收费公路项目也同时移交给其管理。随着城市化进程的加快和交通需求的迅速增长，日本政府又成立了一些公团来承担城市快速路的建设，例如在 1959 年设立了首都高速道路公团、1962 年设立了阪神高速道路公团、1970 年设立本州四国联络桥公团等。各公团分工明确，日本道路公团主要负责建设和管理国家高速公路，首都高速道路公团和阪神高速道路公团主要负责位于东京和大阪大都会以及周边地区的城市高速公路，本州四国联络桥公团主要负责四国岛与本州之间的跨海通道。另外，各地还设立了一些地方公团，专门负责地方道路的建设和管理。

2. 公团所暴露出来的主要问题

由于缺乏有效的激励约束机制，道路公团存在的问题逐渐暴露：

（1）经营决策受利益集团左右，无法保证经济上的合理性。由于公团建设高速公路的资金主要来源于中央政府的财政投资和贷款，无须地方政府和当地居民负担。长期以来，各地方政府和地方选举出的国会议员都把为本地争取到高速公路项目作为重要的取悦选民的资本。在这种政治压力下，高速公路建设规划一再扩大，许多新建路线因利用率低而无法实现收支平衡。而

公团通过采用交叉补贴方式来实现高速公路网的扩张,即不考虑单独路段的造价和交通量的大小,而是在整个路网实行统一的收费标准,用收益较好路段的收入补贴收益较差的路段。其结果,是随着亏损路线的增多整个高速公路网的收费水平相应提高,使日本的高速公路通行费率居于全球最高水平(约合23美元/100㎞)。根据公团2004年公布的高速公路收支状况,运营中的43条线路中,收不抵支的有23条。

(2)子公司及关联企业垄断高速公路相关业务,形成特殊的内部分肥机制。虽然公团受到有关法规的限制,不能随意设立子公司,名义上的子公司只有4家,但是公团利用其二级法人"道路厚生会"(员工的互助保险机构)设立了财团法人"道路设施协会",再通过道路设施协会出资控制着70余家子公司。这些子公司及关联企业被称为公团的"家族企业",垄断了高速公路的几乎全部相关业务,包括收取通行费、交通管理、维修、巡检、服务区的设施管理及商品销售等。有专家估计,如果把公团的外包业务在市场上公开招标,至少可以降低成本30%。

(3)经营效率低下及暗箱操作。由于上述的原因,公团在经营上无视经济上的合理性,不断借入财政投融资资金建设新的线路。同时,公团财务管理没有遵循企业的财务管理原则,导致缺乏成本意识。对子公司等关联企业的业务外包等也没有做到公开透明。所有这些,自然导致经营效率的低下。"道路四公团民营化委员会"在对公团的财务状况进行详细调查之后认为,公团已经到了按照企业正常经营的标准难以存续下去的地步。

3. 处理公路建设债务的主要措施

公团建设高速公路的资金绝大部分来源于政府投融资资金的贷款,小部分来自政府财政出资。公团的收费收入在扣除管理费等费用后划入还贷准备金,用于偿还贷款。政府还对公团提供补贴,主要用于利息水平较高时期贴补公团的利息负担。由于对公团缺乏有效的激励约束机制,导致投资规模一再膨胀而部分路段的利用率却很低,甚至出现亏损。同时,由于道路公团的特殊性质,在运营管理方面无视经济上的合理性。缺乏成本控制意识,必然导致运营效率低下。根据公团2003年6月发布的财务状况数据,截至

2003 年 3 月底，公团的资产总额为 343112 亿日元，负债总额为 285430 亿日元，资本金为 22848 亿日元。为有效处理高等级公路庞大的存量债务，提高运营管理效率，道路公团开启了民营化进程。

（1）道路公团的民营化。2004 年 6 月 2 日，日本国会通过了《道路四公团民营化法》。根据该法规定，日本道路公团于 2005 年 10 月 1 日实现分割民营化，在原有道路公团拆分重组的基础上成立了 6 家新公司负责道路建设和管理的公司以及 1 家道路保有及债务偿还的机构。根据该法，对原有 4 大道路公团进行民营化改革，拆分为东日本、中日本和西日本三个高速公路股份有限公司，另外，首都高速、阪神高速、本州四国联络桥 3 家公团分别改组为同名的股份有限公司。随后，政府相应削减了财政投资贷款和政府担保债券的额度，提高了道路公团自主筹集资金的比重，旨在建立激励约束机制，保证资金运用效率。

公团的原有资产和债务由与新公司同时设立的独立行政法人“日本高速公路保有、债务偿还机构（JEHDRA）”继承。“道路保有、债务偿还机构”承接了原有 4 个道路公团总计 40 万亿日元的债务，并计划在 45 年内用道路租赁费偿还道路建设资金，最终实现免费开放高速公路的目标。该机构还将在高速公路免费开放以后对高速公路实施管理。

日本政府将持有高速公路公司至少 1/ 3 的股份（高速道路株式会社法第三条），重要的股权交易须经国土交通大臣批准，道路经营业务以外的业务只需向国土交通大臣备案。高速公路的所有权属于日本政府，由道路保有、债务偿还机构代表政府与高速公路公司签订收费道路事业经营协议，此协议经国土交通大臣批准后执行。收费道路以租赁形式交给高速公路公司经营，再建和新建的收费道路在建成后产权归机构所有，同时转交相关的债务。

高速公路公司与机构之间除了道路租赁关系以外，还存在着资金交易和一定程度的监督关系。高速公路公司能够得到日本政府的无息贷款或政府担保债券，但有义务降低经营成本并接受机构的督促。上述情况表明，日本高速公路公司并非国内所理解的民营企业，而是接受政府资金，并在政府干预下运营的企业。

(2)公团民营化的特点及主要成果:从总体上看,日本高速公路民营化有如下特征:

①立法先行,即在正式实施改革之前用大量时间建立相对比较完善的法律体系;

②政府、机构和公司有明确的权利分工,政府的管制职能由国土交通大臣承担,与高速公路事业发展相关的具体事宜,包括资金注入、资产管理和对高速公路公司运营成本的监督则由独立行政法人承担,企业的经营权则在相关法律和协议中给予规定;

③债务关系明确清晰。

公团民营化改革取得了如下的主要成果:

①实现了通行费平均降低10%,而且通过废止预付优惠制度还可以再降低10%;

②实现了日本道路公团的拆分,总体上成立6家民营化企业;

③大幅度降低建设与管理成本,原计划要继续投入20万亿日元修建2000km高速公路,变更为由民营化新公司投入7.5万亿日元修建1300km;

④实现了45年以内还清债务的法定化,债务偿还的最长期限定为从2005年算起的45年。

(3)相关收费还贷措施。交叉补贴平衡收费费率。日本收费公路在发展初期,每条道路的收费费率均按照偿还道路造价的原则单独制定。1972年,日本开始对国家高速公路系统的收费收入进行交叉补贴,各城市高速公路在所在地区的范围内独立进行交叉补贴。采用该方式的合理性在于:通过交叉补贴方式,可以用收益较好路段的收入补贴收益较差的路段,以便扩大路网规模。

建设资金主要源于政府投资及贷款。日本道路公团建设收费公路的资金主要来源于政府财政投资和贷款,这种方式在当今世界是独一无二的。日本政府还向日本道路公团提供补贴。由于利息必须以收费收入偿还,而补贴则不需要偿还,因而政府会灵活地改变这两种资金来源的比例。当利率升高时，政府就增加补贴；当利率降低时，政府就在两者间进行平衡，从而使道路公团所负担的利息始终能保持在一个较合理的水平上。

还款后是否免费通行存在争议。日本有关收费公路的立法明确规定了偿还原则，并把它作为确定收费费率的主要考虑因素。偿还原则是一种造价完全补偿政策，要求用户承担高速公路的全部费用，包括建设费用、取得公路用地的费用、运营和养护以及融资的费用等，从而使收费公路发展对政府财政的依赖程度最小化。目前，日本要求收费公路在偿还全部建设费用后转变为免费公路，对是否应这样做日本各界一直存有较大的争议。主张收费到期后继续收费的主要基于以下原因：养护和运营费用需求是持续的，未来仍有加宽道路和改善环境的需求，从整个路网系统的服务需求来看，利用收费政策可以保持其高速畅通。为了最有效的使用有限的公路资源，收费可以实现调节交通流量，起到类似拥挤收费的作用。目前，日本政府通过延长国家高速公路网的偿还期，来减少收费费率的增长。偿还期从早期的 25 年到 30 年，逐步延长到了 40 年。

第五章　德国公路投资管理制度

德国作为世界主要发达工业国家之一，其交通运输业的发展具有鲜明时代特征，代表着现代交通运输发展趋势。

一、机动车税

德国税收制度严谨、周密、细致，按照征税机构可分为联邦税、州税和地方税，以及联邦、州、地方三级或两级共同征收的共享税。德国人在购置汽车时只需缴纳 19% 增值税，属于共享税，除此之外无其他征税。而在机动车保养和使用过程中，则需视具体情况征收机动车税。

2009 年之前，德国机动车税属于州税，征税依据是汽车汽缸工作容量，每年上缴一次。2009 年，德国联邦政府推出新型汽车将按照二氧化碳排放量进行收费的新政策。如果汽车二氧化碳排放量低，那么车主需要支付的税金就很少；相应地，如果二氧化碳排放量高，车主所付的税金也就越高，如果汽车每千米二氧化碳排放量在 110 ~ 120 克之间，那么车主可以不用缴税。这项新政策只对新型汽车的税收进行调整，凡是 2008 年底前准入的汽车不按照二氧化碳的排放量进行征税，而是继续按照汽车的汽缸工作容量以及目前的税收条款缴纳税金。此外，德国联邦政府还规定，自 2009 年 7 月 1 日起，机动车税由州税变为联邦税，由德国联邦财政部集中管理。德国的机动车税不属于专项税，在税收机构代为征缴后，统一纳入到财政总预算中，再由联邦财政部进行统一规划和拨付，不针对某一特定项目和用处。

2008 年 11 月，德国大选之后，德国曾公布一项经济刺激计划。按照该计划，从 11 月 5 日起购置的所有新车可免除一年的机动车税，对购置特别低排放和环保新车的免税期延长至 2010 年底。

2010年,德国机动车税总额为84.88亿欧元,2011年为84.45亿欧元,整体呈下降趋势,与金融危机后德国以减税为首的一系列经济刺激计划有关。同时,也可以看出人们环保意识逐渐增强,开始选用小排量环保型汽车的趋势,联邦政府通过税收保护环境的措施初见成效。为弥补机动车税收入减少给联邦收入造成的压力,联邦政府从2010年开始每年向联邦拨付2.5亿欧元,给16个州共拨付约89.92亿欧元,用于抵消机动车税和过路费收入减少带来的财政负面效应。

二、公路建设资金来源

公路是城市的生命线。在德国,各级政府负责投资兴建不同等级的公路,其中,联邦投资占70%。高速公路、联邦公路主要由联邦政府利用预算资金投资,欧盟对个别项目提供补贴,州、县级公路全部由所在州、县政府投资。高速公路项目作为政府采购项目公开招标,德国企业及世贸组织《政府采购协定》成员方企业可参加投标。联邦德国公路建设资金主要有以下几个来源:

1. 预算资金

2004年德国联邦政府实施《第五个关于长途公路扩建的修改法》,规定至2015年将投入约800亿欧元建设公路设施,其中优先投资150亿欧元新建1900公里高速公路,投资130亿欧元扩建2200千米高速公路。

2. 统一专项资金

1991年,联邦德国政府与前东德5个州联合成立德国统一长途公路规划与建设公司,总投资91亿欧元,在东部5州新建或扩建1220千米高速公路,至2009年底已完成1122千米。

3. 高速公路收费

2003年成立交通基础设施融资公司,负责高速公路费的使用分配。2009年高速公路收费总额为43.25亿欧元,扣除经营费用后净收入36.46亿欧元,全部用于建设交通基础设施,其中21亿欧元用于高速公路和联邦公路。2011 年之前,德国过路费主要用于公路、水路和轨道建设上,其中用于公路建设的过路费比例大约为 58%。2011 年,德国财政部重新修订了预算方案,从此德国过路费收入仅用于公路建设。作为补偿,联邦财政预算中用于公路、水路和轨道建设的资金与前一年持平。2012 年计划投入 12 亿欧元用于德国道路的新建和维护,其中 8 亿欧元用于高速公路,4 亿欧元用于公路建设。

4. 经济刺激专项资金

德政府从应对全球经济金融危机的两个经济刺激方案中拨款 40 亿欧元,用于道路设施建设,其中 18 亿欧元投向高速公路和联邦公路。

5. 欧盟扶持资金

2007 年至 2015 年,欧盟将根据申请情况,从欧洲地区发展基金(EFRE)中向德政府提供不超过 15.2 亿的欧元补贴,用于在德落后地区(人均国内生产总值低于欧盟原 15 国平均值的 75%)建设高速公路、轨道交通等基础设施;成员国可向欧盟申请跨欧洲交通网项目补贴,2008 年德国两个高速公路扩建项目获批,共得到补贴 615 万欧元。

2001 至 2009 年,德政府累计投资 111 亿欧元,新建 1100 千米高速公路,并投入 58 亿欧元,将 570 千米高速公路扩宽至 6 车道以上。2009 年德政府用于高速公路建设的资金为 38.71 亿欧元,比前几年有较大幅度增长。

可见,不同于美国和日本对公路实行专项税制度,德国机动车税主要通过财政一般预算形式运作。

第六章　澳大利亚基础设施产业基金

一、澳大利亚基础设施产业基金市场概况

1. 澳大利亚基础设施产业基金发展迅速

澳大利亚发展基础设施产业基金在世界上起步较早，规模较大，在全球市场中具有重要地位。基金一般私募设立，运营一定年限后可以上市转为公募。目前澳大利亚投资基金总量已经超过 10400 亿澳元（大约 1733 亿美元），近 15 年来的年度复合增长率超过 11%，其中上市基金总量达到 2000 亿澳元。麦格理银行于 1996 年 12 月在澳大利亚证券交易所上市了首个基础设施基金。截至 2006 年 11 月，澳大利亚共有 22 个基础设施基金在证券交易所上市，总规模达到 430 亿澳元，占澳大利亚流通市值的 5% 以上。除麦格理旗下基金外，澳大利亚规模在 10 亿澳元以上的上市基础设施基金还有 Babcock & Brown Infrastructure、Spark Infrastructure 与 SP AusNet。

2. 基础设施产业基金对经济发展的促进作用

传统上，基础设施领域多为公营部门。但从 20 世纪 70 年代开始，与欧美其他发达国家（美、英、法、德和加拿大等）类似，私营部门开始进入澳基础设施投资领域，包括收费公路、机场、通信、公用事业、铁路和海港等。发展基础设施产业基金能加快基础设施建设，降低政府在基础设施方面的投入，使有限的财政收入提供更多的社会服务。目前，澳大利亚政府在基础设施建设的支出已经从原来占预算的 14% 下降到现在的 5% 左右，基础设施产业投资基金的出现是一个重要原因。除此以外，基础设施基金至少还有以下几个优点：

（1）资金运作的专业化。通过每个基金的设立和运作，在对投资资金的筹集、资产评估、收益分配和风险控制等方面，形成了效益较优和机制完善的基础设施投融资制度。

(2)资产管理的专业化。通过专业化的基金管理公司的长期运作,形成了相关基础设施领域具有稳定性和高水平的技术与管理专家团队。澳大利亚主要的基础设施基金管理公司包括麦格理集团、Babcock & Brown、Hastings Funds Management、Challenger 和 Alinta Asset Management。其中,麦格理集团是全球最大的基础设施基金管理人。在一定竞争条件下由专家团队负责的基础设施建设和管理,由于克服了政府部门官僚主义的弊病,不但能加快基础设施的建设,还能在基础设施投入使用后为社会提供更好的服务。

(3)使广大投资者能够通过基金参与具有稳定和较好收益的基础设施投资,分享了经济增长的成果,也促进了社会的公平分配与和谐。例如,麦格理通讯基金、麦格理机场基金和澳大利亚基础设施基金的回报率分别是31.8%、24.7%和18.1%。在澳大利亚,基础设施投资基金的发展为养老基金等需要长期稳定回报的投资提供了最好的投资工具。

3.澳大利亚基金的监管框架

澳大利亚的政府金融监管主要由三个部门负责。它们分别是:澳大利亚储备银行(RBA)、审慎监管局(APRA)和证券及投资管理委员会(ASIC)。

审慎监管局负责对金融机构的审批和监管,监管银行、保险公司以及养老基金等产业基金的投资者。审慎监管局主要工作是保护存款人、保单持有人及基金受益人的权益,主要从风险角度对银行、保险及养老金的投资进行监管。基金投资者在满足审慎监管的条件下,对基金的投资将不受比例限制。

证券及投资管理委员会负责基金产品、基金管理人以及基金交易市场的监管。澳大利亚最通行的基金组织形式为管理投资计划(MIS),是澳大利亚的单位信托,由澳大利亚证券及投资管理委员会监管。通常设立管理投资计划需要到证券及投资管理委员会注册,并且基金管理人需要取得证券及投资管理委员会颁发的执照。如果管理投资计划不面向零售投资者发行,且合格的机构投资者少于20人,则可以免除注册手续。

此外,如果管理投资计划需要上市,则受到澳大利亚证券交易所的监管,交易所将对管理投资计划进行一系列的合规性审查。

4. 澳大利亚的其他类型产业基金

在澳大利亚，产业基金的投资对象主要是实物资产，通过实物资产的增值及运营实物资产产生的现金流回报投资者。像欧美流行的风险创业投资基金和企业并购重组基金，在澳大利亚并不多见。目前在澳大利亚发展较好并且占据主要份额的产业基金，还是基础设施投资基金和房地产基金。

房地产投资基金和基础设施投资基金相类似，只是投资方向为商业房地产。房地产基金建设和购买的房地产，其主要目的不是为了出售，而是通过长期持有获得资产增值和租金收益。在澳大利亚称之为上市房产信托(LPT)，1990年以来澳大利亚LPT市场发展迅速，目前已成为全球第二大市场。截至2006年底，总市值已达950亿美元(1170亿澳元)，过去10年市值年复合增长率为24%。如此高速的发展主要得益于国内养老金不断增长的投资需求，产品本身的低风险、高回报，以及不断进行的增发与海外收购。

公私合营基金也是在政府机构私营化过程中发展起来的产业基金。政府将一些机构如医院、学校、监狱等委托给产业基金管理，也收到了很好的成效。

二、麦格理基础设施产业基金的特点

麦格理银行(Macquarie Bank)是澳大利亚最大的银行之一。近年来，麦格理银行的业务发展得十分迅速，该银行2002年利润总额为2.5亿澳元，而2007年财务年度的利润总额将达到13亿澳元。2006年年底，麦格理银行在澳大利亚证券交易所(ASX)的市值已经达到199亿澳元，为第12大上市公司，而麦格理银行和由麦格理银行所管理的基金的市值总额，则达到了684亿澳元，市值总额位居ASX第二。麦格理银行一家多元化经营的企业，在其业务收入中，投资银行业务占41%，资产和财富管理占29%，借贷业务占10%，金融市场业务占20%。显然，传统商业银行的业务只在其业务中占很小的比重。其中，基础设施基金、房地产基金和其他类型的产业基金所占的比重在25%左右。目前，在由各种基础设施基金管理的澳大利亚国内基础设施中，麦格理银行无疑占据着龙头的地位。表6-1列出了由麦格理银行管理并在ASX上市的一些产业基金，可以看出，这些专业化管理的基金涉及的领域已经相当广泛。

麦格理银行管理的上市产业基金

表6-1

基金名称	投资领域	基金名称	投资领域
Macquarie Airports	机场	Macquarie Infrastructure	基础设施
Macquarie Communications	通信	Macquarie Media	传媒
Macquarie Countrywide	超市和商业中心	Macquarie Leisure	休闲
Macquarie DDR Trust	美国的超市和商业中心	Macquarie Office	商务地产
Macquarie Goodman	工业地产		

由于国内市场的发展已经基本稳定，近年来该银行加快了拓展国际市场的步伐并且取得了巨大的进展。2006年上半年，在银行的总收入中，49%的份额来源于国际业务。

麦格理银行拥有超过25年的产业基金管理经验，目前在25个国家，通过28个基金管理公司，管理102项基础设施资产，所管理资金逾990亿美元，拥有超过1000名基础设施专业人员，已经成为全球最大的非政府的基础设施持有人和全球最大的基础设施基金管理人。麦格理拥有长期、稳定、优异的基金管理业绩：自2000年以来，麦格理全球基础设施累计指数表现一直优于全球主要指数；过去10年以来，麦格理所管理股权价值年度增长率高达54%。

1. 长期投资、注重稳定回报

传统私募股权基金大多仅作为财务投资者短期持有资产，以获得资本利得为主要目的，一旦获利将迅速将资产变现。而麦格理更注重基础设施资产期限长、现金流稳定的特性，长期持有资产，为基金投资者创造稳定回报，麦格理所持有的一半以上资产的特许经营权期限超过了25年。目前，麦格理拥有102项资产，而迄今为止，仅因为战略考虑售出过8项资产。麦格理基础设施基金的主要投资者是养老金、保险等长期投资者，基础设施的特性也正好契合了该类投资者对资产负债匹配的要求以及对风险的承受能力。

2. 集中投资、控股为主

与传统私募股权基金分散投资、参股为主的投资风格不同，麦格理以其集中投资、控股为主的风格确立了其在基金管理领域的地位。麦格理平均每支基础设施基金持有的资产不超过4个,平均每项资产却超过9亿美元。通过控股所投资的资产,能够避免小股东所承受的信息不对称、无法控制分配政策等风险,发挥基金管理人的积极管理作用,提供增值服务。

3. 积极管理、为持有资产提供增值服务

正是因为控股为主的投资风格,使得麦格理可以对所持有的资产进行积极管理。基金能依托背后麦格理集团的专业资源为所管理基金提供增值服务。

麦格理专业的基础设施团队,能对资产进行技术上、财务结构上的一系列改造,为资产创造其他持有者所不能创造的附加价值,从而为基金投资者带来增值回报。

如麦格理所持有的悉尼机场,在麦格理进入以后对机场的布局、安全等方面进行了一系列的改造,目前悉尼机场的零售收入不断攀升,已经达到每名旅客人均消费40美元的水平,位列全球机场第二位,而北京首都国际机场仅为人均消费8美元。

4. 以基金上市而不是项目上市作为退出安排

如前所述,麦格理基金投资的资产极少变现退出,而是长期持有,为了满足投资者对基金流动性的需求,麦格理往往在基金设立一段时间后,将基础设施基金本身上市,从而为原始投资者提供退出和实现资本利得的机会。目前,麦格理管理的28支基础设施基金中已有11支基金在澳大利亚、加拿大、美国、韩国和新加坡等地上市。

5. 专业化基金

麦格理每一支基金均有各自的投资重点,比如麦格理韩国基础设施基金(以高速公路为主),麦格理机场基金(以机场为主)等。专业化的投资基金使得基金能够最大限度地利用行业经验,选择投资对象,更好地为投资人提供回报。同时麦格理也有其他侧重于某一国家或地区的基金,如麦格理韩国基础设施基金和麦格理欧洲基础设施基金。

参考文献

[1] Jonathan Upchurch. The Future of Highway and Transit Finance[J]. TR News, 2006.

[2] Rufolo, A. M., R. L. Bertini. Desi-going Alternatives to State Motor Fuel Taxes [J]. Transportation Quarterly, 2003.

[3] Transportation Research Board of the National Academies. The Fuel Tax and Alternatives for Transportation Funding[J], 2006.

[4] U. S. Department of Transportation, Federal Highway Administration. Highway Statistics 2004 [EB/OL]. www. fhwa. dot. gov/policy/ohim/hs04/ index. htm, 2009.

[5] 蔡子洲,胡腾鹤,刘霄. 澳大利亚基础设施产业基金考察报告[R]. 2003(03).

[6] 陈玲,张文棋. 国外农村公路投资建设的经验及其借鉴[J]. 发展研究,2011(06).

[7] 陈森,夏越超. 国外公路运输发展原因浅论[J]. 世界经济,1980(09).

[8] 程丽萍. 美国公路建设与养护代表团来华座谈[J]. 公路,1986(03).

[9] 丁胜仁. 公路网结构优化理论与方法研究[D]. 西安:长安大学,2009.

[10] 中国驻澳大利亚经商参处. 澳大利亚基础设施产业基金市场概况[EB/OL]. http://www. mofcom. gov. cn/aarticle/i/dxfw/nbgz/201210/20121008375236. html, 2012-10-10.

[11] 董国兴. 美国的公路交通管理[J]. 交通企业管理,1995(12).

[12] 董平如. 美国收费公路的管理[J]. 公路,1993(04).

[13] 樊建强,John Liang. 美国公路基础设施融资危机、变革趋势及启示[J]. 兰州学刊,2014(13).

[14] 范大美. 美国城市郊区化发展中的联邦政府因素(战后—70年代)[J]. 安徽大学,2010(11).

[15] 高玉波,苑长山. 浅析美国公路建设与管理[J]. 辽宁省交通高等专科学校

学报.2002(02).

[16] 龚慧峰.美国的公路网与公路运输[J].国际展望,1985(05).

[17] 韩春华,熊京民.美国州际高速公路系统[J].国外公路,1995(04).

[18] 韩枫,佟士学.对国内外公路投融资体制与政策的研究[J].黑龙江交通科技,2010(11).

[19] 何本万.美国公路交通管理及发展[J].中外公路,2004(2).

[20] 何雄伟.中外高速公路管理体制研究[J].交通科技,2006(05).

[21] 贺竹磬.日本道路公团改革对我国高速公路管理模式的启示[C].中国高速公路管理学术论文集(2009 卷),2009.

[22] 侯丽萍.探秘美国收费公路商业模式[J].中国公路,2013(18).

[23] 江源.西方国家地方政府投融资体制比较及启示[J].黑龙江金融,2011(01).

[24] 姜振成,顾言.日本高速公路收费办法[J].交通企业管理,1998(08).

[25] 李迁生.美国高速公路管理概况[J].广东公路交通,1999(02).

[26] 李扬.欧美发达国家高速公路建设和管理的启示[J].交通世界,2004(07).

[27] 李晔,张红军.美国交通发展政策评析与借鉴[J].国外城市规划.2005(03).

[28] 林家彬.日本的特殊法人改革——日本道路公团的案例解析[J].经济社会体制比较,2008(03).

[29] 刘慧敏,盛昭瀚,曹启龙.发达国家高速公路投融资体制改革分析与借鉴[J].现代经济探讨,2014(12).

[30] 刘鹏飞.美国交通运输政策的演变[J].交通企业管理,2003(06).

[31] 刘瑞波,赵宁.欧美国家高速公路融资模式及其借鉴[J].世界经济与政治论坛.2008(04).

[32] 柳长立.美国公路运输发展新走向[J].建设机械技术与管理,2001(01).

[33] 柳长立.美国公路运输战略发展的最新趋势[J].国外公路,1999(05).

[34] 罗廷赤.值得借鉴的美国公路发展的技术和经验[J].宁夏工程技术,2011(01).

[35] 聂育仁,邱尊社. 国外典型公路建设投融资体制及启示[J]. 市场研究,2009(01).

[36] 聂育仁. 发达国家公路建设资金的来源有哪些[EB/OL]. http://www.ifmbj.com.cn/meiyuezazhi/rongzishiwu/200905/27-186.html,2009-01-01.

[37] 潘志良,吕悦. 美国公路财政的过去、现在和将来[J]. 国外公路,1995(06).

[38] 邵沛勐. 美国公路投融资政策对中国的启示[J]. 北方交通,2013(S2).

[39] 石友服. 日本收费高速公路的建设及管理体制[J]. 中外公路,2004(01).

[40] 史子然,杨云峰. 美国的高速公路管理体制[J]. 国外公路,2000(01).

[41] 汤春霞. 国外高速公路现状和发展趋势[J]. 国外公路,1999(04).

[42] 汪东杰,王乐群. 国外高速公路融资方式及投资回收方法[J]. 市政技术,2006(05).

[43] 王海洋. 国外收费公路政策动态与经验借鉴[J]. 综合运输,2014(12).

[44] 王晶. 基于公共物品提供理论的美国公路投融资体制研究[D]. 北京:北京交通大学,2011-07.

[45] 王乐. 美国国家风景道投融资体系研究[D]. 北京:北京交通大学,2009.

[46] 王守舟,赵中锋. 美国的收费公路[J]. 国外公路,1995(05).

[47] 王万学. 日本公路建设管理对我国的启示[J]. 成功(教育), 2009(07).

[48] 王秀云. 国外城市基础设施投融资体制改革的考察与借鉴[J]. 商场现代化,2009(15).

[49] 王学玲. 北美公路建设的融资方式及其投资回收[J]. 综合运输,1997(08).

[50] 王延斌. 美国的收费公路[J]. 中国公路,1999(24).

[51] 王中文. 德国统一后高速公路建设与管理——赴德国考察高速公路纪实[J]. 公路,1999(11).

[52] 吴国雄,何兆益. 德国公路管理模式及环境保护[J]. 中外公路 Journal of Foreign Highway,2002(03).

[53] 夏小龙. 美国高速公路建设与管理[J]. 市场周刊(新物流),2008(08).

[54] 徐君伦. 美国公路的建设和管理[J]. 上海建设科技,2008(02).

[55] 徐以群,庄芸蕾.美国公路建设投融资体制的发展趋势及启示[J].交通标准化,Transport Standardization,2010(02).

[56] 杨建平.美国联邦公路信托基金的理念及挑战[J].中国公路,2014(11).

[57] 姚天恩.美国融资体制给我们的启示[J].中国公路,2003(12).

[58] 雍希宏,廖正环.美国公路科研动态[J].国外公路,1995(05).

[59] 雍希宏.美国公路产业述略[J].国外公路,1996(06).

[60] 雍希宏.美国公路系统现状[J].中外公路,2002(06).

[61] 游双杰.美国夏威夷州公路网国际平整度指数(IRI)变化趋势分析[J].中外公路,2010(4).

[62] 张宝胜.美国收费公路的发展[J].中外公路,2003(06).

[63] 张瑞栋,侯丽萍.美国联邦公路局战略规划主要关注点及启示[J].中国公路,2014(19).

[64] 张涛.浅谈美国公路建设管理中的几个显著特点[J].黑龙江交通科技,2008(6).

[65] 张跃民.学习借鉴德国、日本经验探讨我国公路筹融资办法[J].交通财会,1997(09).

[66] 赵队家,李硕.美国公路项目融资和收费公路[EB/OL].http://www.lqgcs.com/guanli/xiangmu/201309/0354643.html,2013-09-03.

[67] 赵放.围绕政府职能与市场效率的争论——日本道路公团民营化改革评析[J].长白学刊,2004(04).

[68] 赵永铮,郭文龙.美国的公路运输及对我们的启示[J].综合运输,1997(10).

[69] 赵中锋.近年来美国收费公路的新发展[J].国外公路,1996(02).

[70] 中国高速公路运营管理网.日本道路公团改革对我国高速公路管理模式的启示[EB/OL].http://www.scjtonline.cn/Show_News.aspNewsId=62394,2012-03-30.

[71] 中国驻德国使馆经商参处.德国高速公路建设、投资及收费情况[EB/OL].http://www.mofcom.gov.cn/aarticle/i/jyjl/m/201207/20120708208498.html,2012-07-02.

[72] 中研网讯. 日本公路建设与管理体制特点[EB/OL]http://www.chinairn.com/doc/70310/141202.html,2007-6-26.

[73] 周庆桐. 日本道路公团《高速公路设计要领》路面厚度设计方法简介[J]. 中外公路,1978(02).